"十四五"职业教育国家规划教材

 "十三五"职业教育国家规划教材

高等职业教育计算机系列教材

U0192413

Visual Studio 2019（C#）
Windows 数据库项目开发

曾建华　主　编

陈球霞　方红琴　副主编

电子工业出版社

Publishing House of Electronics Industry

北京·BEIJING

内 容 简 介

本书通过一个完整的项目讲解如何使用 Visual Studio 2019（C#）开发基于 SQL Server 数据库的 Windows 窗体应用程序。

本书主要内容包括认识项目、主窗体开发、数据维护窗体开发、系统登录及权限管理、学生选课、选课抽签及抽签结果查询、统计查询、RDLC 报表、系统完善、控件开发、LINQ 技术、使用 ClickOnce 部署项目；拓展项目通过网上购物系统介绍了使用 Visual Studio 开发 Web 项目的强大功能，有利于读者进一步了解 Visual Studio 开发工具。

本书项目既实用，又尽量避免出现重复知识点。在讲解方面，本书力求以深入浅出的方式引导读者完成项目的开发，并期望读者取得举一反三的效果。

本书适合 Visual Studio 的初学者及有一定经验的开发人员使用，也可作为培训机构或高等院校的教学参考书。

未经许可，不得以任何方式复制或抄袭本书之部分或全部内容。

版权所有，侵权必究。

图书在版编目（CIP）数据

Visual Studio 2019（C#）Windows 数据库项目开发 / 曾建华主编. —北京：电子工业出版社，2023.7

ISBN 978-7-121-45088-4

Ⅰ. ①V… Ⅱ. ①曾… Ⅲ. ①C 语言－程序设计－高等学校－教材②关系数据库系统－高等学校－教材
Ⅳ.①TP312.8②TP311.138

中国国家版本馆 CIP 数据核字（2023）第 030163 号

责任编辑：徐建军　　特约编辑：田学清
印　　刷：北京七彩京通数码快印有限公司
装　　订：北京七彩京通数码快印有限公司
出版发行：电子工业出版社
　　　　　北京市海淀区万寿路 173 信箱　　邮编：100036
开　　本：787×1 092　1/16　印张：13　字数：350 千字
版　　次：2023 年 7 月第 1 版
印　　次：2025 年 2 月第 3 次印刷
　　　定价：43.00 元

凡所购买电子工业出版社图书有缺损问题，请向购买书店调换。若书店售缺，请与本社发行部联系，联系及邮购电话：(010) 88254888，88258888。

质量投诉请发邮件至 zlts@phei.com.cn，盗版侵权举报请发邮件至 dbqq@phei.com.cn。

本书咨询联系方式：(010) 88254570，xujj@phei.com.cn。

前 言
Preface

本书贯彻党的"二十大"精神，在内容讲解中融入科学精神和爱国情怀，引用新技术，体现科技发展的新成果，提升学生对祖国强大科技力量的自豪感，弘扬精益求精的专业精神、职业精神和工匠精神，助力建设教育强国、科技强国、人才强国。

Visual Studio 2019 支持 Visual C#、Visual C++等众多语言，使用相同的集成开发环境（Integrated Development Environment，IDE），既能进行工具共享，又能轻松地创建混合语言解决方案。

本书由以下项目构成。

项目 1　认识项目。通过准备开发环境，读者可以了解本书教学所用项目的功能，并了解项目数据库中各表的含义及表之间的关系。

项目 2　主窗体开发。通过创建新的 Windows 窗体应用程序，读者可以熟悉 Visual Studio 集成开发环境的常用元素；通过主窗体的开发，读者可以学会如何使用主菜单、工具栏、状态栏、多文档界面（MDI）主窗体。

项目 3　数据维护窗体开发。通过学习各种常用数据维护的方式，读者可以掌握类型化数据集的使用。以系部数据维护为例，学会使用 DataGridView 控件的方式维护单表数据；以班级数据维护为例，学会在 DataGridView 控件中使用下拉列表维护带主外键关系表的数据；以学生数据维护为例，学会使用详细信息的方式维护数据，熟练使用数据绑定类型的下拉列表和固定值的下拉列表，并掌握 DateTimePicker 日期控件的使用；以课程数据维护为例，学会新增、修改、删除等数据维护方式。

项目 4　系统登录及权限管理。通过对该项目的学习，读者可以开发登录验证窗体及进行权限控制管理。

项目 5　学生选课。通过对该项目的学习，读者可以根据项目需要灵活编程，实现自己的业务逻辑，并进一步掌握 DataGridView 控件的使用技巧。

项目 6　选课抽签及抽签结果查询。通过该项目的实现，读者可以学会通过设计和调用存储过程的方式实现业务逻辑。

项目 7　统计查询。通过对该项目的学习，读者可以灵活使用 SQL 语句，学会编写代码并对 DataSet 进行细节的控制。

项目 8　RDLC 报表。通过对该项目的学习，读者可以掌握如何设计 RDLC 报表，如何为报表提供数据，如何调用并运行报表，包括如何打印来自原始表、自定义表的数据。

项目 9　系统完善。通过对该项目的学习，读者可以掌握如何开发系统的"关于"窗体，如何使用程序集信息并进行异常处理。另外，还可以了解一些编程小技巧，例如，单击 DataGridView 控件的列标题时取消排序，使用 Singleton 模式防止 MDI 子窗体的多实例化。

项目 10　控件开发。通过对该项目的学习，读者可以掌握如何开发用户控件和复合控件，如何设置控件开发过程中的属性（Property）和事件（Event），并根据自己的需要开发适合的控件。

项目 11　LINQ 技术。通过对该项目的学习，读者可以掌握 LINQ 技术，包括 LINQ TO Object、LINQ TO DataSet。LINQ 技术可以为 C#提供强大的查询功能，也可以对该技术进行扩展，以支持几乎任何类型的数据存储，而不仅限于对数据库进行操作。

项目 12　使用 ClickOnce 部署项目。通过对该项目的学习，读者可以掌握如何使用 ClickOnce 部署智能客户端。ClickOnce 是一项部署技术，我们可以利用这项技术创建基于 Windows 自行更新的应用程序，这些应用程序可以在新版本可用时自动更新。

拓展项目　网上购物系统。本项目主要介绍使用 Visual Studio 开发 Web 项目的强大功能，帮助读者了解网上购物系统的各项功能，了解网上购物系统配套的数据库 eShop。

本书学习环境为：

1．安装 Visual Studio 2019 版本、RDLC 扩展插件。

2．安装 SQL Server 2014 或以上版本。

3．安装 IIS 环境（项目 12 需要，其他项目可不需要）。

本书由深圳职业技术学院的曾建华担任主编，由深圳职业技术学院的陈球霞和北京工业大学耿丹学院的方红琴担任副主编。本书项目 1～项目 4、项目 7～项目 12 由曾建华编写，项目 5 和项目 6 由方红琴编写，本书各项目的代码均由陈球霞调试并通过。

为了方便教师教学，本书配有电子教学课件及程序源代码，请有此需要的教师登录华信教育资源网（https://www.hxedu.com.cn）注册后免费下载。如果有问题，可在网站留言板留言或者与电子工业出版社联系（E-mail：hxedu@phei.com.cn），也可与作者联系（E-mail：237021692@qq.com）。

本书是编者在总结多年教学、项目开发经验的基础上编写而成的，编者在探索教材建设方面做了许多努力，也对书稿进行了多次审校，但由于编写时间及水平所限，难免存在一些疏漏和不足，敬请读者给予批评和指正。

编　者

目 录
Contents

项目 1

认识项目

认识项目

学习目标

准备并初步认识开发环境。
整体了解教学项目的功能。
了解教学项目使用的数据库中各表的含义及表之间的关系。
培育精益求精的工匠精神。

任务 1.1　项目和开发环境介绍

本书主要讲解使用 Visual Studio 2019（C#）开发基于 SQL Server 数据库的 Windows 窗体应用程序。本书以实训为主，力求以步骤明确的方式指导读者完成项目的开发，并不会对单个知识点进行详细介绍。对于某项具体技术或概念的阐述，读者可参考相关的微软开发者网络（Microsoft Developer Network，MSDN）。

1.1.1　项目

1. 为什么开发 Windows 项目

Windows 窗体应用程序具备界面友好、功能丰富的特点，还具备智能客户端部署功能，可使客户端自动升级到最新程序。

2. 为什么使用数据库项目

市场上需求的软件，如各种 ERP 软件、财务软件、游戏软件等基本都和数据库有关，因此开发数据库系统具有广泛的实用性。

3. 为什么使用学生选课系统

有的读者可能会说，这个好像是 Web 项目。没错，编者确实开发过该选课系统的 Web 项目，但为什么将它作为 Windows 项目讲解呢？这是因为：第一，该系统使用的数据库便于学生理解；第二，无论什么项目，其主要功能其实都很类似，如数据的维护（录入、修改、删除）、统计、查询，以及报表输出、登录验证和相应的业务逻辑等。编者也将围绕这几部分展开系统的开发和讲解。实际上，使用什么项目来讲解都可以，关键是最终能让读者举一反三，开发出满足客户需求的系统，这也是编者编写本书的目的。

1.1.2 开发环境

可采用的开发环境如下。

- Visual Studio 2019（社区版、专业版、企业版均可）。本书使用的是 Visual Studio 2019 社区版，可以在微软官网免费下载和使用。
- SQL Server 2014 或以上版本。本书使用的是 SQL Server 2014。

任务 1.2 项目运行

1.2.1 准备项目所需数据库

（1）如图 1-1 所示，右击"SQL Server Management Studio"图标，在弹出的快捷菜单中选择"以管理员身份运行"命令。

最好以管理员身份运行 SQL Server Management Studio，否则后续步骤在附加数据库时可能会出现"尝试打开或创建物理文件 xxx 时，CREATE FILE 遇到操作系统错误 5（拒绝访问）…"这样的错误信息。

（2）启动 SQL Server Management Studio，弹出"连接到服务器"对话框，如图 1-2 所示。

图 1-1　选择"以管理员身份运行"命令　　　　图 1-2　"连接到服务器"对话框

（3）在"服务器类型"下拉列表中选择"数据库引擎"选项；在"服务器名称"文本框中输入".\SQLEXPRESS"，考虑到环境部署的便利性，本书使用 SQLEXPRESS 实例；在"身份验证"下拉列表中选择"Windows 身份验证"选项，并单击"连接"按钮。

（4）如图 1-3 所示，在 SQL Server Management Studio 的"对象资源管理器"窗口中右击"数据库"选项，在弹出的快捷菜单中选择"附加"命令。

图 1-3　选择"附加"命令

（5）如图 1-4 所示，在"附加数据库"对话框中，单击"添加"按钮以选择数据库文件。

图 1-4　"附加数据库"对话框

（6）如图 1-5 所示，在"定位数据库文件"对话框中找到 Xk.MDF 文件所在的文件夹（读者可以在本书配套资源的"教材项目\选课数据库"文件夹下找到），并选中 Xk.MDF 文件，单击"确定"按钮。

（7）如图 1-6 所示，在"附加数据库"对话框中，单击"确定"按钮，完成附加 Xk 数据库的操作（再次提醒，如果出现错误，请确认一下是否是以管理员身份运行 SQL Server

Management Studio 的）。

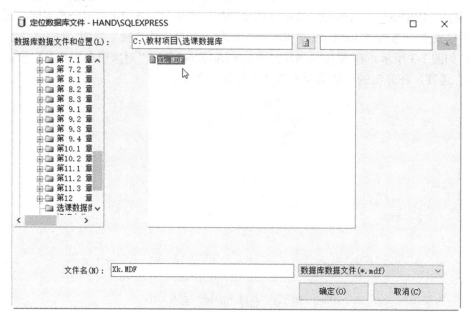

图 1-5　选择要附加的数据库文件

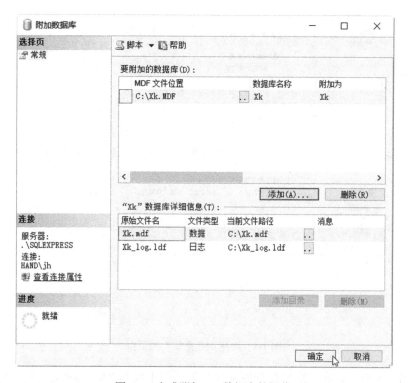

图 1-6　完成附加 Xk 数据库的操作

（8）如图 1-7 所示，在"对象资源管理器"窗口中展开"数据库"→"Xk"→"表"选项，并右击"dbo.Class"选项，在弹出的快捷菜单中选择"编辑前 200 行"命令，显示 Xk 数据库中 Class 表的数据。

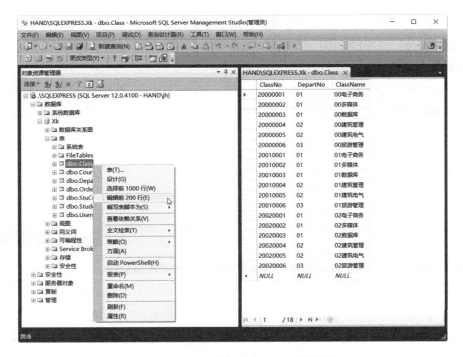

图 1-7　显示 Xk 数据库中 Class 表的数据

1.2.2　运行学生选课系统

（1）启动 Visual Studio，在界面右下方选择"继续但无须代码"选项。

（2）在 Visual Studio 主菜单中选择"文件"→"打开"→"项目/解决方案"命令。

（3）如图 1-8 所示，最终完成的项目相关文件在本书配套资源的"教材项目\最终完成的项目"文件夹下，选中 Xk.sln 文件，单击"打开"按钮。

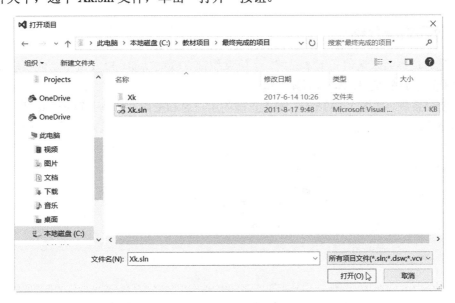

图 1-8　"打开项目"对话框

（4）如图 1-9 所示，在"解决方案资源管理器"窗口中双击"app.config"选项，检查文件中的"Data Source=.\SQLEXPRESS"语句，若数据库服务器名称与本书环境不一致，则可以更改此处代码（若数据库服务器名称为"."，则更改代码为"Data Source=."）。

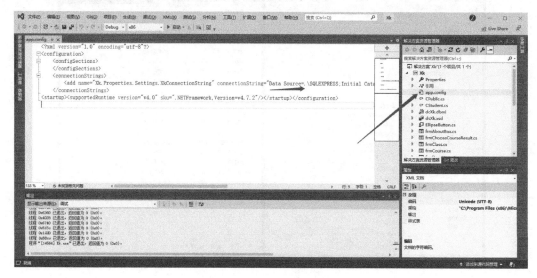

图 1-9　检查"Data Source=.\SQLEXPRESS"语句

（5）按"F5"键或单击工具栏上的"启动"按钮 ▶。为了测试方便，本示例已经将管理员用户之一的用户名"001"和密码"123"输入好了，读者只需单击"登录"按钮即可以管理员身份进入系统。

任务 1.3　了解项目功能及数据库

1.3.1　项目功能介绍

我们先通过界面来认识一下本系统，了解系统都有哪些功能，以及每个功能要求我们学会什么，这有助于理解项目和学习后续课程。

（1）登录系统。如图 1-10 所示，输入正确的用户名和密码并单击"登录"按钮，即可进入系统主界面。

图 1-10　"登录系统"界面

用户分别以管理员身份和学生身份登录系统后，将拥有不同的操作权限。

本项目管理员用户之一的用户名为"001"，密码为"123"，勾选"管理员"复选框，单击"登录"按钮即可以管理员身份登录系统。

本项目学生用户之一的用户名为"00000001"，密码为"123"，取消勾选"管理员"复选框，单击"登录"按钮即可以学生身份登录系统。

（2）系统主界面。若以管理员身份登录系统，则主界面如图1-11所示。

图1-11 以管理员身份登录系统后的主界面

若以学生身份登录系统，则主界面如图1-12所示。

图1-12 以学生身份登录系统后的主界面

以管理员身份和学生身份登录系统的差别在于：以学生身份登录系统后，只能使用"学生选课"和"系统"两个菜单的功能，而以管理员身份登录系统后，可以使用除"学生选课"菜单外的所有菜单的功能。

读者也可以通过主界面的菜单先大致了解一下本系统有哪些功能。

通过这些功能，我们将学习主菜单、工具栏、状态栏、MDI 主窗体的相关知识，以及不同用户权限的设计。

（3）以管理员身份登录系统后，在主菜单中选择"系部信息"菜单，将出现如图 1-13 所示的界面。

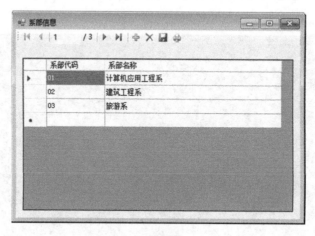

图 1-13　"系部信息"界面

通过该界面的功能，我们将学习如何在 DataGridView 控件中维护单表数据，以及如何打印来自单表的数据。

（4）以管理员身份登录系统后，在主菜单中选择"班级信息"菜单，将出现如图 1-14 所示的界面。

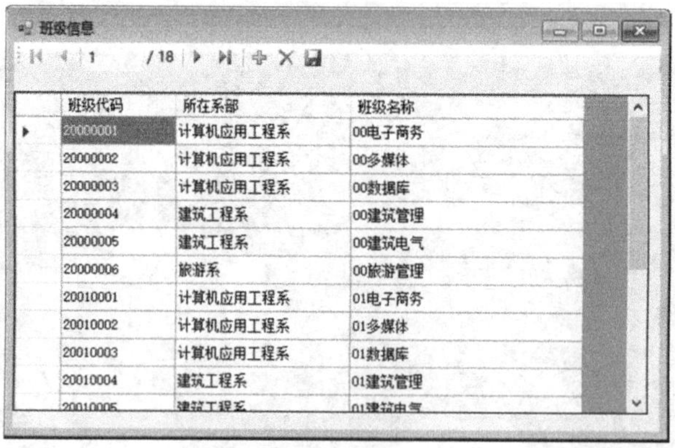

图 1-14　"班级信息"界面

注　意

光标所在单元格在编辑状态时为下拉列表（先单击选中该单元格，再单击一下即可）。通过该界面的功能，我们将学习在 DataGridView 控件中使用下拉列表维护数据，以及打印来自多表的数据。

（5）以管理员身份登录系统后，在主菜单中选择"学生信息"菜单，将出现如图 1-15 所示的界面。

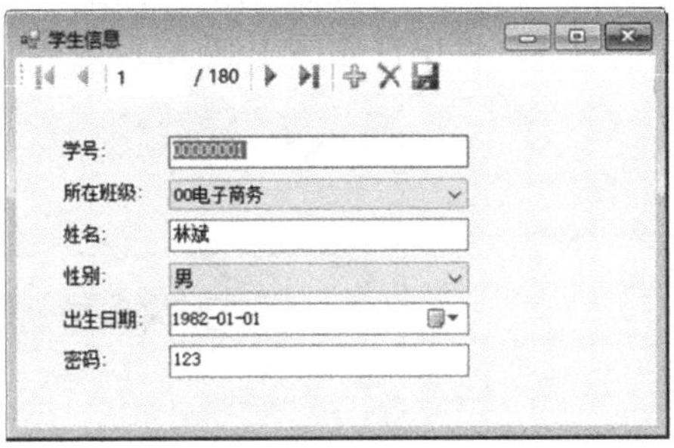

通过该界面的功能，我们将学习如何使用详细信息的方式维护数据，并熟练使用数据绑定类型的下拉列表、固定值的下拉列表、DateTimePicker 日期控件等。

（6）以管理员身份登录系统后，在主菜单中选择"课程信息"菜单，将出现如图 1-16 所示的界面。

通过该界面的功能，我们将学习自己控制新增、修改、删除等数据维护方式。

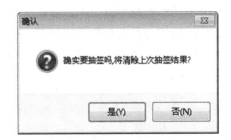

图 1-15　"学生信息"界面

上述步骤（3）～步骤（6）中涉及的各界面的功能都是与数据维护相关的，编者将从教学的角度给出各种不同的维护方式。在项目开发中，读者应该根据实际情况的需要选择最合适且风格相对统一的方式来设计。

（7）以管理员身份登录系统后，在主菜单中选择"选课抽签结果"→"随机抽签"命令，将出现如图 1-17 所示的界面，可以对报名后的数据进行随机抽签，以决定选课结果。

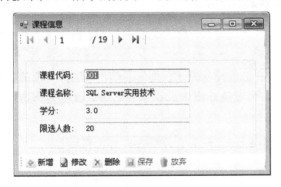

图 1-16　"课程信息"界面

图 1-17　随机抽签界面

读者可以看到，该界面就是一个简单的对话框，核心代码实际上在数据库的存储过程中运行。通过该界面的功能，我们将学习如何在 Visual Studio 中调用 SQL Server 数据库的存储过程。

（8）以管理员身份登录系统后，在主菜单中选择"选课抽签结果"→"按课程查看选课结果"命令，将出现如图 1-18 所示的界面，可以查询抽签后每门课程的学生名单。

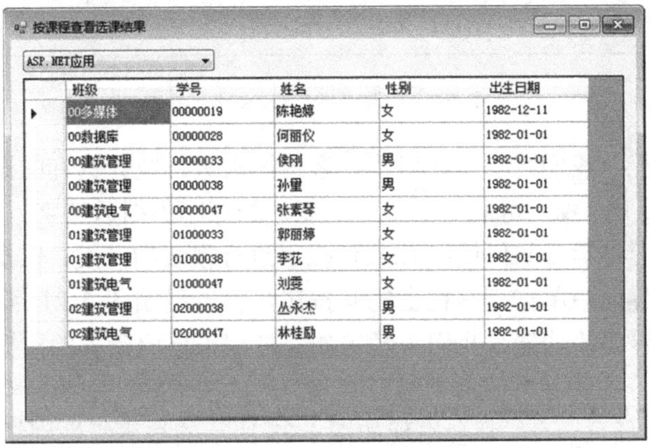

图 1-18　"按课程查看选课结果"界面

（9）以管理员身份登录系统后，在主菜单中选择"统计查询"→"按班级性别统计学生人数"命令，将出现如图1-19所示的界面，可以统计出各班男女人数。

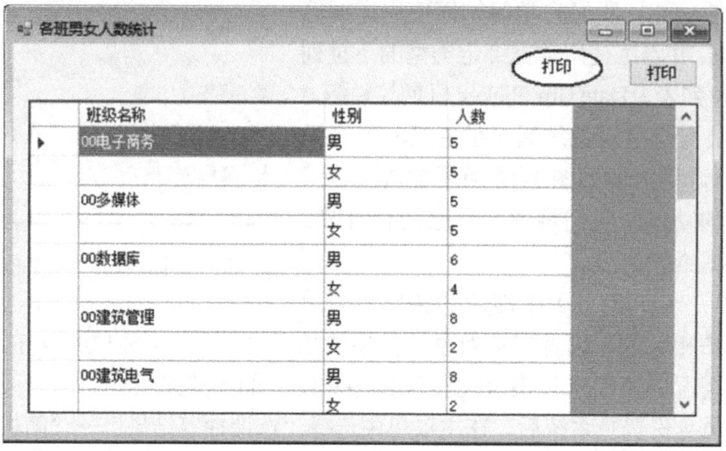

图1-19　各班男女生人数统计

通过该界面的功能，我们将学习SQL语句的灵活运用、自定义表的打印、自定义控件（如图1-19中的椭圆形按钮）的开发和使用。

（10）以管理员身份登录系统后，在主菜单中先选择"统计查询"菜单，再选择"未选课学生名单"子菜单，将出现如图1-20所示的界面，可以统计出未选课学生名单，以便提醒这些学生及时报名。

图1-20　"未选课学生名单"界面

通过该界面的功能，我们将学习如何根据客户需求进行统计查询的设计。

（11）在很多情形下，我们可能需要打印功能，如打印单据后签字、和客户对账等。

通过该功能，我们将学习如何使用RDLC报表进行报表的开发，以及RDLC报表的应用。

在"系部信息"界面中单击工具栏上的 按钮，将出现如图1-21所示的系部信息打印结果预览界面。通过该界面的功能，我们将学习如何打印来自原始表的数据。

如图1-22所示，在主菜单中选择"统计查询"→"按班级性别统计学生人数"命令。单击两个"打印"按钮中的任意一个，都会出现如图1-23所示的按班级性别统计学生人数打印结果预览界面。通过该界面的功能，我们将学习自定义表的打印。

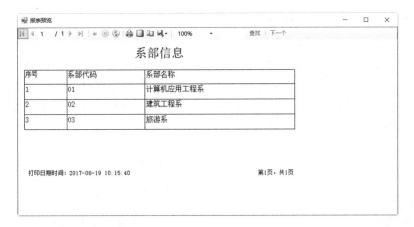

图 1-21 系部信息打印结果预览界面

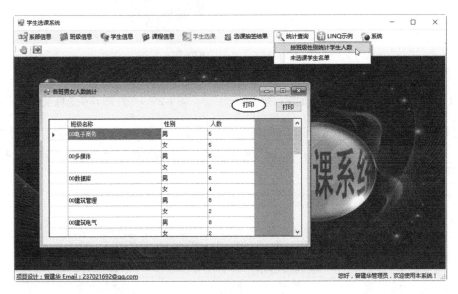

图 1-22 选择"按班级性别统计学生人数"命令

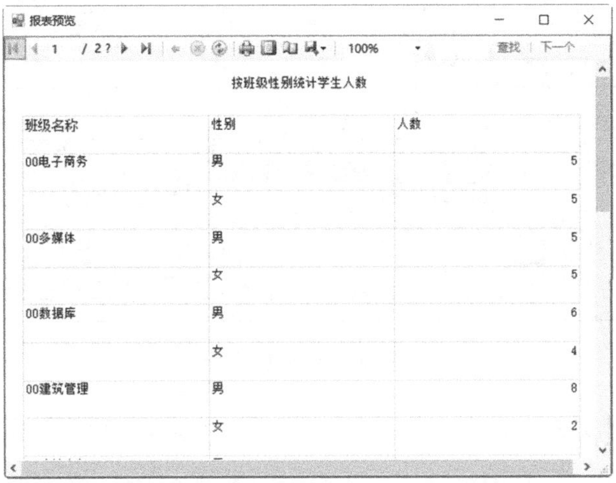

图 1-23 按班级性别统计学生人数打印结果预览界面

（12）"LINQ 示例"菜单。"LINQ 示例"菜单下有两个命令，分别为"LINQ TO Object 示例"和"LINQ TO DataSet 示例"。这是我们要学习的与 LINQ 相关的内容。从运行效果来看，这两个命令的功能类似。图 1-24 所示为"LINQ TO DataSet 示例"命令的运行效果。

（13）"关于"对话框。开发者编写程序后，希望有一个地方能留下自己的姓名，这也是大多数软件具有的一个功能。以管理员身份或学生身份登录系统后，在主菜单中选择"系统"→"关于"命令，弹出"关于 学生选课系统"对话框，如图 1-25 所示。

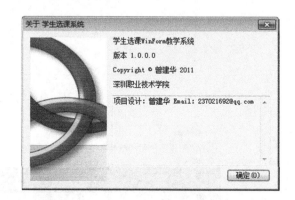

图 1-24 "LINQ TO DataSet 示例"命令的运行效果   图 1-25 "关于 学生选课系统"对话框

通过该对话框的功能，我们将学习如何开发"关于"对话框，以及如何使用程序集信息。

（14）以学生身份登录系统后，在主菜单中选择"学生选课"→"报名"命令，将出现如图 1-26 所示的界面。

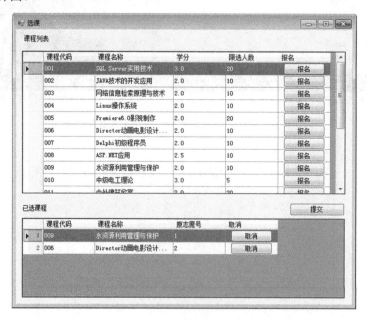

图 1-26 "选课"界面

该界面的功能是本系统的核心业务逻辑，学生可以在此选择课程并进行报名，也可以取消选择已报名的课程。

通过该界面的功能，我们将学习如何灵活编程以实现自己的业务逻辑，以及各种编程小技巧，如拖动数据行、显示行号等。

（15）以学生身份登录系统后，在主菜单中选择"学生选课"→"我的报名结果"命令，将出现如图 1-27 所示的界面。

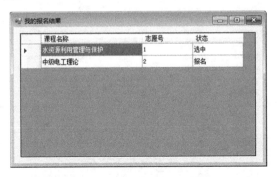

图 1-27　"我的报名结果"界面

我们已经将项目的各个功能基本浏览了一遍，希望大家能对其有所认识，并在后面逐步实现这些功能。

1.3.2　熟悉项目数据库中的表

本项目使用的选课数据库 Xk 包含 6 个用户表，分别是 Department 表（系部表）、Class 表（班级表）、Student 表（学生表）、Course 表（课程表）、StuCou 表（学生选课表）、Users 表（管理员表）。

（1）Department 表有 2 列，分别是 DepartNo（系部代码）、DepartName（系部名称）。该表中的数据如图 1-28 所示。

（2）Class 表有 3 列，分别是 ClassNo（班级代码）、DepartNo（系部代码）、ClassName（班级名称）。该表中的数据如图 1-29 所示。

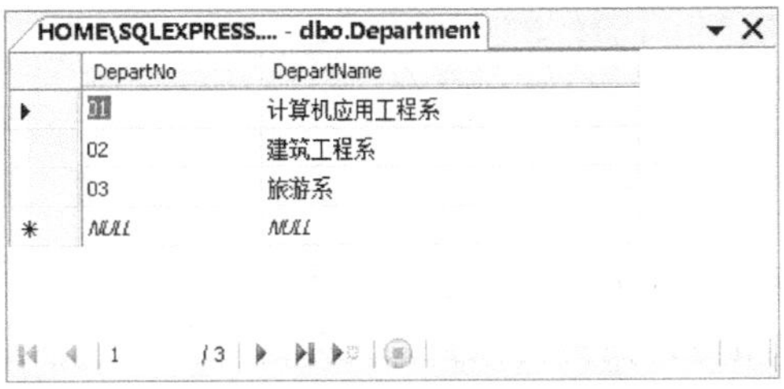

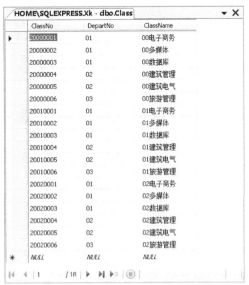

图 1-28　Department 表中的数据

图 1-29　Class 表中的数据

（3）Student 表有 6 列，分别是 StuNo（学号）、ClassNo（班级代码）、StuName（姓名）、Sex（性别）、BirthDay（出生日期）、Pwd（密码）。该表中的数据如图 1-30 所示。

HOME\SQLEXPRESS.Xk - dbo.Student　HOME\SQLEXPRESS.Xk - dbo.Class

StuNo	ClassNo	StuName	Sex	BirthDay	Pwd
00000001	20000001	林斌	男	1982-01-01 00:00:00.000	123
00000002	20000001	彭少帆	男	1982-02-02 00:00:00.000	abc
00000003	20000001	曾敏馨	女	1982-03-11 00:00:00.000	777B2DE7
00000004	20000001	张晶晶	女	1983-02-23 00:00:00.000	EDE4293B
00000005	20000001	曹业成	男	1983-03-18 00:00:00.000	A08E56C4
00000006	20000001	甘蕃	女	1983-04-20 00:00:00.000	3178C441
00000007	20000001	凌晓文	男	1982-05-13 00:00:00.000	B7E6F4BE
00000008	20000001	梁亮	男	1982-06-26 00:00:00.000	BFDEB84F
00000009	20000001	陈燕珊	女	1982-06-06 00:00:00.000	A4A0BDFF
00000010	20000001	韩霞	女	1982-07-09 00:00:00.000	4033A878
00000011	20000002	朱川	男	1982-08-01 00:00:00.000	19C5653D
00000012	20000002	杜晓静	女	1982-02-02 00:00:00.000	117A709E
00000013	20000002	黄元科	男	1982-03-11 00:00:00.000	C6C1E2B7
00000014	20000002	罗飞	男	1982-05-22 00:00:00.000	6808A559
00000015	20000002	李林	男	1982-02-12 00:00:00.000	E65AF58A
00000016	20000002	赖梅	女	1982-01-06 00:00:00.000	767591C7
00000017	20000002	麦嘉	男	1982-08-07 00:00:00.000	B7E43E7C
00000018	20000002	李月	女	1982-11-08 00:00:00.000	3B6EC650
00000019	20000002	陈艳婷	女	1982-12-11 00:00:00.000	22018D60

1 / 180

图 1-30　Student 表中的数据

（4）Course 表有 4 列，分别是 CouNo（课程代码）、CouName（课程名称）、Credit（学分）、LimitNum（限选人数）。该表中的数据如图 1-31 所示。

HOME\SQLEXPRESS.Xk - dbo.Course

CouNo	CouName	Credit	LimitNum
001	SQL Server实用技术	3.0	20
002	Java技术的开发应用	2.0	10
003	网络信息检索原理与技术	2.0	10
004	Linux操作系统	2.0	10
005	Premiere6.0影视制作	2.0	20
006	Director动画电影设计与制作	2.0	10
007	Delphi初级程序员	2.0	10
008	ASP.NET应用	2.5	10
009	水资源利用管理与保护	2.0	10
010	中级电工理论	3.0	5
011	中外建筑欣赏	2.0	20
012	智能建筑	2.0	10
013	房地产漫谈	2.0	10
014	科技与探索	1.5	10
015	民俗风情旅游	2.0	20
016	旅行社经营管理	2.0	20
017	世界旅游	2.0	10
018	中餐菜肴制作	2.0	5
019	电子出版概论	2.0	10
NULL	NULL	NULL	NULL

1 / 19

图 1-31　Course 表中的数据

（5）StuCou 表有 5 列，分别是 StuNo（学号）、CouNo（课程代码）、WillOrder（志愿号）、State（选课状态：报名和选中）、RandomNum（随机数，当报名人数超过限选人数时，本系统采取随机抽签的方式进行选择）。该表中的数据如图 1-32 所示。

（6）Users 表有 5 列，分别是 UserID（用户号）、UserName（用户姓名）、Pwd（密码）、

EMail（邮件地址）、Tel（联系电话）。该表中的数据如图 1-33 所示。

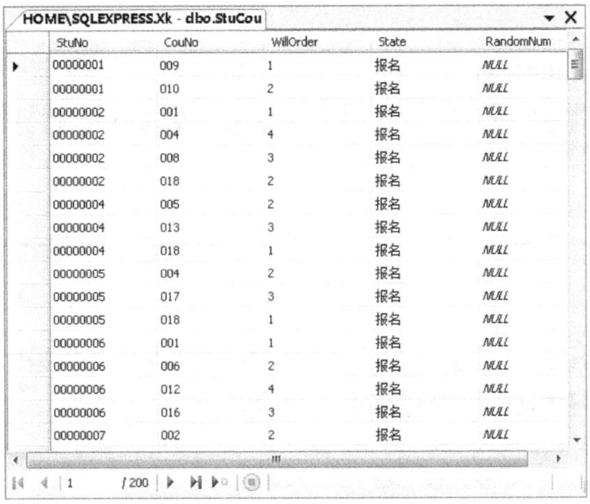

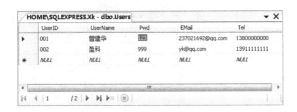

HOME\SQLEXPRESS.Xk - dbo.StuCou

StuNo	CouNo	WillOrder	State	RandomNum
00000001	009	1	报名	NULL
00000001	010	2	报名	NULL
00000002	001	1	报名	NULL
00000002	004	4	报名	NULL
00000002	008	3	报名	NULL
00000002	018	2	报名	NULL
00000004	005	2	报名	NULL
00000004	013	3	报名	NULL
00000004	018	1	报名	NULL
00000005	004	2	报名	NULL
00000005	017	3	报名	NULL
00000005	018	1	报名	NULL
00000006	001	1	报名	NULL
00000006	006	2	报名	NULL
00000006	012	4	报名	NULL
00000006	016	3	报名	NULL
00000007	002	2	报名	NULL

1 / 200

图 1-32　StuCou 表中的数据

HOME\SQLEXPRESS.Xk - dbo.Users

UserID	UserName	Pwd	EMail	Tel
001	曾建华	123	237021692@qq.com	13800000000
002	盈科	999	yk@qq.com	13911111111
NULL	NULL	NULL	NULL	NULL

1 / 2

图 1-33　Users 表中的数据

1.3.3　数据库中表之间的关系

（1）如图 1-34 所示，在“对象资源管理器”窗口中展开“数据库”→“Xk”→“数据库关系图”选项，并双击“dbo.Diagram_0”选项。

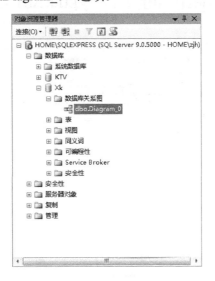

图 1-34　查看数据库关系图

（2）如果出现如图 1-35 所示的操作提示，则执行步骤（3）～步骤（5），否则直接跳到步骤（6）。

图 1-35　操作提示

（3）如图 1-36 所示，在"对象资源管理器"窗口中展开"数据库"选项，并右击"Xk"选项，在弹出的快捷菜单中选择"新建查询"命令。

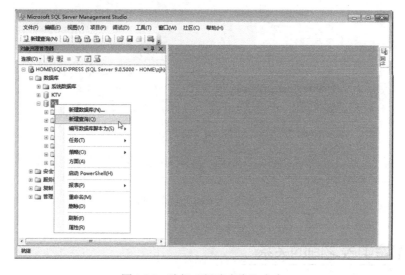

图 1-36　选择"新建查询"命令

（4）如图 1-37 所示，在查询窗口中输入命令"ALTER AUTHORIZATION ON DATABASE:: Xk TO sa"，单击 执行(X) 按钮。

图 1-37　执行命令

（5）重新按照步骤（1）执行。

（6）数据库中表之间的关系如图 1-38 所示。

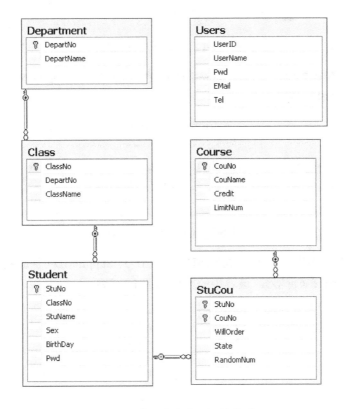

图 1-38 数据库中表之间的关系

从图 1-38 中可以看到：① Class 表和 Department 表之间通过 DepartNo 进行连接，表示班级所在的系部信息来源于系部表；② Student 表与 Class 表之间通过 ClassNo 进行连接，表示学生所在的班级信息来源于班级表；③ StuCou 表与 Student 表之间通过 StuNo 进行连接，StuCou 表与 Course 表之间通过 CouNo 进行连接，分别表示学生选课数据中的学生信息来源于学生表，课程信息来源于课程表；④ Users 表相对孤立，和其他表没有主外键关系。

至此，我们对数据库有了大致的认识。

1．实训项目数据库简介。

本实训项目将使用一个简化的网上手机购物系统，数据库名为 eShop。

该数据库包含 5 个表，分别是 Users 表（用户表）、Suppliers 表（供应商表）、Mobiles 表（手机表）、Orders 表（订单主表）、OrderItems 表（订单明细表）。

（1）Users 表有 5 列，分别是 UserID（用户 ID）、UserName（用户名称）、Pwd（密码）、Tel（订单联系电话）、Address（订单送货地址）。该表中的数据如图 1-S-1 所示。

	UserID	UserName	Pwd	Tel	Address
▶	af	艾锋	2	13666666666	福田
	zjh	曾建华	1	13800000000	南山
*	NULL	NULL	NULL	NULL	NULL

图 1-S-1　Users 表中的数据

（2）Suppliers 表有 2 列，分别是 SupplierID（供应商 ID）、SupplierName（供应商名称）。该表中的数据如图 1-S-2 所示。

	SupplierID	SupplierName
▶	01	华为
	02	中兴
	03	小米
	04	荣耀
	05	一加

图 1-S-2　Suppliers 表中的数据

（3）Mobiles 表有 4 列，分别是 MobileID（手机 ID）、SupplierID（供应商 ID）、MobileName（手机产品名称）、Price（价格）。该表中的数据如图 1-S-3 所示。

	MobileID	SupplierID	MobileName	Price
▶	000001	03	小米Civi 2	3500.00
	000002	02	中兴 Axon 40 Ultra	5200.00
	000003	02	中兴 Axon 30	2000.00
	000004	03	小米12S Pro	6000.00
	000005	05	一加 Ace Pro	3800.00
	000006	01	华为 mate 50 pro	7000.00
	000007	05	一加 Ace	3500.00
	000008	03	红米K50至尊版	3000.00
	000009	05	一加 10 Pro	4700.00
	000010	04	荣耀Magic4	3700.00
	000011	04	荣耀X30	1600.00
	000012	05	一加 9RT	3000.00
	000013	03	红米K50	2300.00
	000014	04	荣耀X40	1500.00
	000015	05	一加 Ace 竞速版	2300.00
	000016	04	荣耀70 IMX800	2700.00
	000017	03	小米折叠屏手机	3500.00
	000018	01	华为 nova 10	3000.00
	000019	02	中兴 Axon 30S	1700.00
	000020	01	华为 P50	3900.00
	000021	01	华为 nova 9	2600.00
	000022	03	小米12s Ultra	3500.00
	000023	01	华为畅享 50	1200.00
	000024	04	荣耀Play5T	1000.00
*	NULL	NULL	NULL	NULL

图 1-S-3　Mobiles 表中的数据

（4）Orders 表有 5 列，分别是 OrderID（订单号）、UserID（订单用户 ID）、Tel（订单联系电话）、Address（订单送货地址）、OrderDate（订单产生时间）。该表中的数据如图 1-S-4 所示。

	OrderID	UserID	Tel	Address	OrderDate
▶*	cda9db1c-85c2-4216-b241-06636a6ae22e	zjh	13800000000	南山	2013-09-24 21:44:26.997
	NULL	NULL	NULL	NULL	NULL

图 1-S-4   Orders 表中的数据

（5）OrderItems 表有 5 列，分别是 OrderItemID（订单明细表 ID，主键，仅用来作为主键，编者使用默认值 NEWID()自动生成）、OrderID（明细表数据对应的订单号）、MobileID（订单的手机产品 ID）、Amount（数量）、Price（价格）。该表中的数据如图 1-S-5 所示。

	OrderItemID	OrderID	MobileID	Amount	Price
	0F273240-A481-4335-B5F4-9CE8B032036F	cda9db1c-85c2-4216-b241-06636a6ae22e	000002	1	5000.00
▶	B11DB83C-8837-4F65-B2E2-47B818969729	cda9db1c-85c2-4216-b241-06636a6ae22e	000006	1	3000.00
*	NULL	NULL	NULL	NULL	NULL

图 1-S-5   OrderItems 表中的数据

数据库中表之间的关系如图 1-S-6 所示。

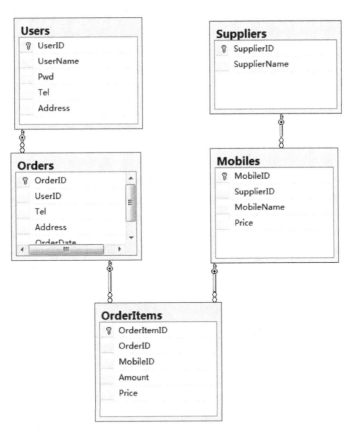

图 1-S-6   数据库中表之间的关系

其中，Mobiles 表和 Suppliers 表之间通过 SupplierID 进行连接；Orders 表和 Users 表之间通过 UserID 进行连接；OrderItems 表和 Orders 表之间通过 OrderID 进行连接；OrderItems 表和 Mobiles 表之间通过 MobileID 进行连接。

2．创建实训数据库 eShop。

3．创建 eShop 中的表。

4．完成 eShop 中主外键的设计。

5．输入表中的数据。

6．理解 eShop 中各表及主外键的含义。

7．希望读者能认真理解并自行完成 eShop 的设计。若读者不熟悉 SQL Server 数据库的设计，则可以暂时不做此实训，直接参考本书配套资源的"配套资源\实训项目"中所带的实训数据库。

8．基于该数据库的书籍请参阅《SQL Server 2014 数据库设计开发及应用》（电子工业出版社，曾建华）。

9．基于该数据库的网上购物系统请参阅《Visual Studio 2010（C#）Web 数据库项目开发》（电子工业出版社，曾建华）。

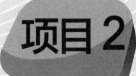

项目2

主窗体开发

主窗体开发

学习目标

熟悉 Visual Studio 集成开发环境。

能够创建第一个 Windows 窗体应用程序。

熟练掌握常用主窗体、主菜单、工具栏、状态栏开发。

熟练掌握 MDI 主窗体。

培养精益求精、追求卓越的境界。

任务 2.1 项目构成

2.1.1 创建项目

（1）在"文件"菜单中选择"新建项目"命令，弹出"创建新项目"对话框，如图 2-1 所示。在该对话框右上方选择"C#""Windows""桌面"选项，在中间部分选择"Windows 窗体应用程序（.NET Framework）"选项，并单击"下一步"按钮。

（2）如图 2-2 所示，将"项目名称"命名为"Xk"，"位置"可根据自己的需要进行选择（Visual Studio 将为项目创建一个按项目名称命名的新文件夹），"解决方案名称"默认与项目名称保持一致（即"Xk"），在"框架"下拉列表中选择".NET Framework 4.7.2"选项（或自己机器的最新版本），单击"创建"按钮。

（3）新项目的最初元素如图 2-3 所示，在"解决方案资源管理器"窗口（若找不到，则可以在"视图"菜单中选择"解决方案资源管理器"命令）中可以看到新项目包含名为 Form1.cs 的窗体文件、Program.cs 文件，以及 Properties 属性和相关引用。

（4）在设计视图和代码视图之间切换。

设计视图中默认显示标题为 Form1 的 Windows 窗体。我们可以随时在设计视图和代码视图之间切换，方法是右击设计视图，并在弹出的快捷菜单中选择"查看代码"命令，可以切换到代码视图；右击代码视图，并在弹出的快捷菜单中选择"视图设计器"命令，可以切换到设计视图。

在设计视图中，可以将"工具箱"窗口中的控件拖放到窗体上；在代码视图中，可以编写我们想要的代码。

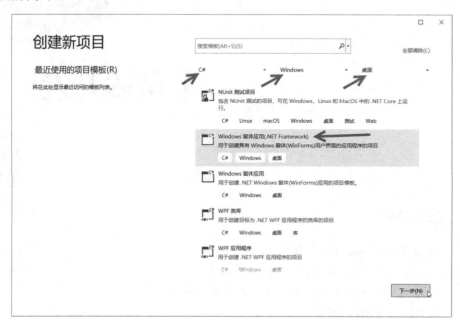

图 2-1   "创建新项目"对话框

图 2-2   配置新项目

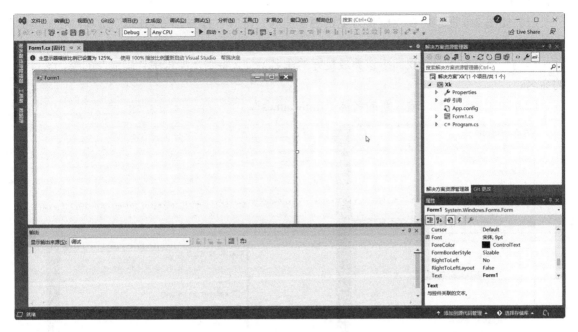

图 2-3　新项目的最初元素

（5）改变窗体的大小。

切换到窗体的设计视图，单击窗体的右下角，当鼠标指针变为双向箭头时，拖动窗体的角可以改变窗体的大小。

（6）显示"属性"窗口。

"属性"窗口的默认位置在 Visual Studio 集成开发环境的右下部，用户可以根据需要将其移动到其他位置。如果没有显示"属性"窗口，则可以在"视图"菜单中选择"属性"命令。"属性"窗口中列出了当前所选的 Windows 窗体或控件的属性，并且用户可以在此处更改当前的值。

下面我们将通过更改 Windows 窗体的标题来认识"属性"窗口。

首先，单击 Windows 窗体，使其处在选中状态。然后，在"属性"窗口中，向下滚动到"Text"文本框，输入新的文本"学生选课系统"。最后，按"Enter"或"Tab"键将焦点移出"Text"文本框。

现在，我们可以看到 Windows 窗体顶部的文本（在标题栏的区域中）已被更改。

若要快速更改控件的名称，则可以右击相应控件，在弹出的快捷菜单中选择"属性"命令，并在弹出的"属性"窗口中修改。

2.1.2　认识 Program.cs 文件

在"解决方案资源管理器"窗口中双击"Program.cs"选项，可以看到代码中有如下一条语句。

```
Application.Run(new Form1());
```

通过这条语句可知，系统原来是从这里开始启动的，并且系统启动后首先运行 Form1（应该说是 Form1 的一个实例）。如果我们需要对系统启动做一些处理，可以修改 Program.cs 文件。

（1）如图 2-4 所示，在"解决方案资源管理器"窗口中右击"Form1.cs"选项，在弹出的快捷菜单中选择"重命名"命令。

作为一个开发人员，我们应该养成良好的命名习惯，特别是编程中代码涉及的类、变量等的命名。

（2）如图 2-5 所示，输入新的名称"frmMain.cs"。

图 2-4 选择"重命名"命令

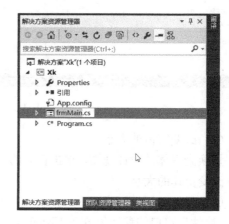

图 2-5 输入新的名称

（3）按"Enter"键，弹出如图 2-6 所示的对话框，提示是否将相关名称的引用修改为新名称，单击"是"按钮。

图 2-6 重命名提示对话框

上面这个对话框是什么意思呢？

双击项目中的 Program.cs 文件，代码中有如下一条语句。

```
Application.Run(new frmMain());
```

而这条语句原来是这样的：

```
Application.Run(new Form1());
```

可以看到，对 Form1 的所有引用形式都自动更改为新的名称"frmMain"，而这通常是我们需要的。

任务 2.2　主窗体设计

在 Windows 窗体应用程序中，主窗体通常包括主菜单、工具栏、状态栏等。下面我们将逐一介绍如何使用它们。

2.2.1　主菜单（MenuStrip）

一个项目包含许多功能，我们一般按照功能对其进行分组，并以菜单的形式展示给用户。

使用 MenuStrip 控件可以轻松地创建类似 Microsoft Office 中那样的菜单，并且可以通过添加快捷键、图像和分隔条等来增强菜单的可读性和可用性。

（1）添加菜单。如图 2-7 所示，切换到 frmMain 窗体的设计页面，在"工具箱"窗口中展开"菜单和工具栏"选项，将"MenuStrip"控件拖放到窗体中。

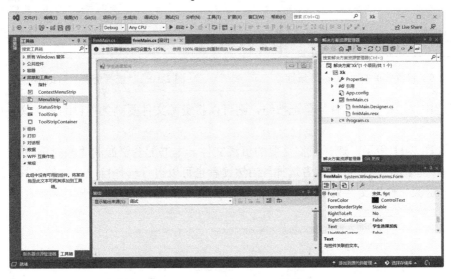

图 2-7　添加 MenuStrip 控件

此控件将在窗体的顶部创建一个默认菜单。

（2）适当调整窗体的大小。根据本系统的功能，先大致设计菜单，如图 2-8 所示。

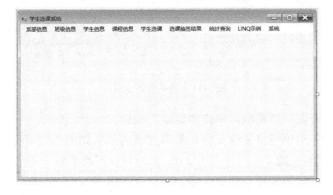

图 2-8　设计菜单

（3）设计菜单图标。如图 2-9 所示，选择"系部信息"菜单，在"属性"窗口中找到"Image"属性，单击 ... 按钮。

（4）如图 2-10 所示，在弹出的对话框中，选中"本地资源"单选按钮，单击"导入"按钮。

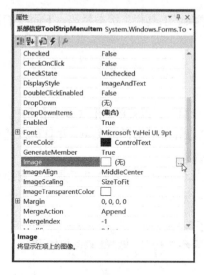

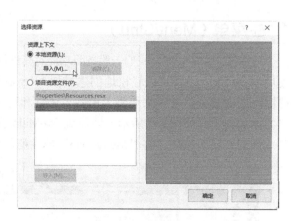

图 2-9　设置菜单的"Image"属性　　　　图 2-10　"选择资源"对话框

如果选中"项目资源文件"单选按钮，则可以将资源文件复制到项目的资源文件中，方便以后操作。

（5）如图 2-11 所示，选择我们需要的资源文件。本书配套资源的"教材项目\资源文件"文件夹中有一些图片文件可供读者选择，当然读者也可以自行选择自己喜欢的图片。这里选择"教材项目\资源文件"文件夹中的"Department.png"文件，单击"打开"按钮。

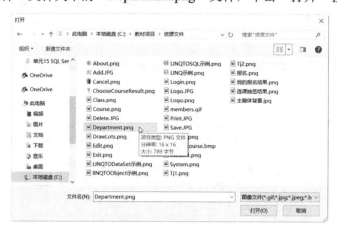

图 2-11　选择资源文件

（6）返回"选择资源"对话框，单击"确定"按钮。

（7）类似地，给各菜单指定资源文件，最后完成的菜单如图 2-12 所示。

（8）现在，读者已经完成了应用程序的设计，此时可以开始添加一些代码以实现程序的功能。

程序必须具有针对按钮和每个菜单命令的事件处理程序。事件处理程序是用户与控件交互时执行的方法。Visual Studio 自动为用户创建空的事件处理程序。

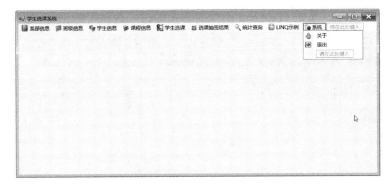

图 2-12　最后完成的菜单

下面我们来为菜单命令添加事件处理程序。

双击"系统"→"退出"命令，系统将自动生成该菜单命令的 Click 事件代码框架，代码如下。

```
private void 退出 ToolStripMenuItem_Click(object sender, EventArgs e)
{
    Close();
}
```

2.2.2　工具栏（ToolStrip）

使用 ToolStrip 控件可以创建自定义的常用工具栏，并且使这些工具栏支持高级用户界面和布局功能，如带文本和图像的按钮、下拉按钮等。

（1）添加工具栏。如图 2-13 所示，在"工具箱"窗口中展开"菜单和工具栏"选项，将"ToolStrip"控件拖放到窗体中。

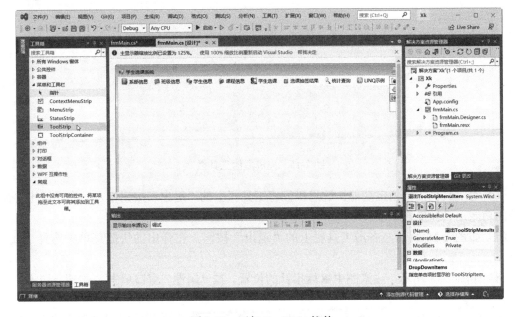

图 2-13　添加 ToolStrip 控件

（2）如图 2-14 所示，单击 ToolStrip 控件的下拉按钮，选择"Button"选项。

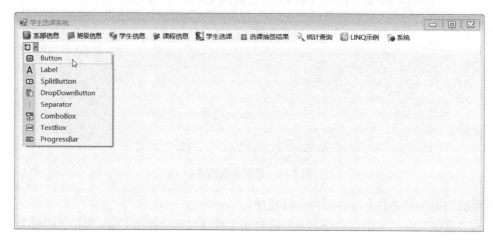

图 2-14　为 ToolStrip 控件添加 Button

（3）为刚刚添加的 Button 设置"Image"属性，和菜单的设置操作类似。这里设置该 Button 的功能为报名，因此选择一个和菜单中的"报名"命令一样的图片。

通常在工具栏中放置一些系统常用的功能按钮作为快捷方式。

（4）单击 ToolStrip 控件的下拉按钮，选择"Separator"选项，放置一个分隔符。

（5）单击 ToolStrip 控件的下拉按钮，选择"Button"选项。将该工具栏按钮设计为和菜单中的"退出"命令相同的功能。完成后的工具栏如图 2-15 所示。

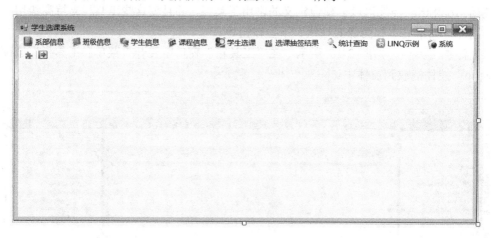

图 2-15　完成后的工具栏

（6）为工具栏按钮指定功能。这里我们将工具栏上的"退出"按钮指定为和"退出"命令相同的功能，具体操作如下。

（7）如图 2-16 所示，右击工具栏上的"退出"按钮，在弹出的快捷菜单中选择"属性"命令。

（8）如图 2-17 所示，注意图中鼠标指针的位置，在"属性"窗口单击 按钮，切换到"事件"选项卡。

（9）如图 2-18 所示，在 Click 事件中单击下拉按钮，选择"退出 ToolStripMenuItem_Click"

选项。在通常情况下，为不同的控件指定相同的功能时采用这种操作方式，例如，此处菜单中的"退出"命令和工具栏中的"退出"按钮实现的就是相同的功能。

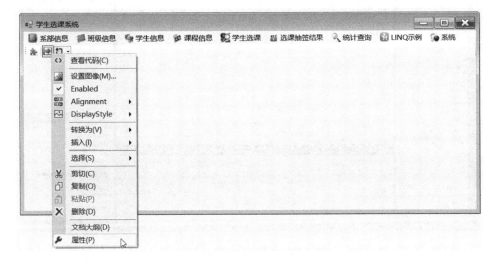

图 2-16　选择"属性"命令

图 2-17　查看事件

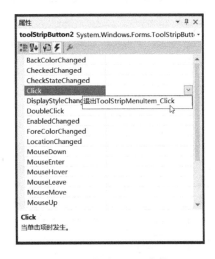

图 2-18　指定 Click 事件

2.2.3　状态栏（StatusStrip）

StatusStrip 控件通常用来显示用户在窗体上查看的对象的相关信息，以及与对象在应用程序中的操作相关的上下文信息。

StatusStrip 控件通常由 ToolStripStatusLabel 对象组成，每个这样的对象都可以显示文本、图标或同时显示这两者。

StatusStrip 控件还可以包含 ToolStripDropDownButton 控件、ToolStripSplitButton 控件和 ToolStripProgressBar 控件。

（1）如图 2-19 所示，在"工具箱"窗口中展开"菜单和工具栏"选项，将"StatusStrip"控件拖放到窗体中。

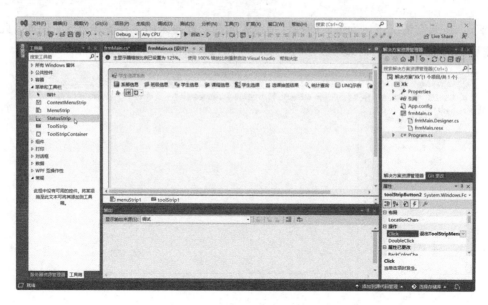

图 2-19　添加 StatusStrip 控件

（2）如图 2-20 所示，单击 StatusStrip 控件的下拉按钮，选择"StatusLabel"选项。

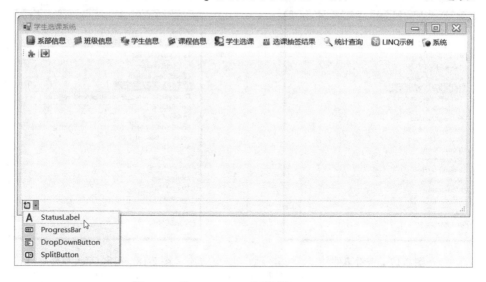

图 2-20　为 StatusStrip 控件添加 StatusLabel

添加的 StatusLabel 默认名称为"toolStripStatusLabel1"。

（3）为刚刚添加的 toolStripStatusLabel1 设置属性如下。

- Text：项目设计：曾建华 Email：237021692@qq.com。
- IsLink：True。

（4）单击 StatusStrip 控件的下拉按钮，选择"StatusLabel"选项，再添加一个 StatusLabel，并设置属性如下。

- Name：LoginInfo。
- Text：此处以后将显示登录信息。
- Spring：True。

- TextAlign：MiddleRight。
- ForeColor：Blue。

完成后的状态栏如图 2-21 所示。

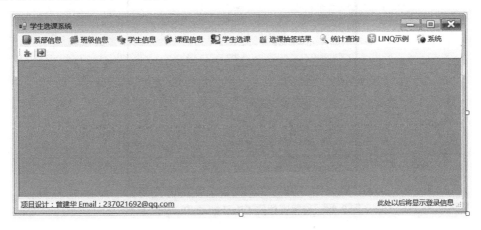

图 2-21　完成后的状态栏

2.2.4　多文档界面（MDI）主窗体

MDI 主窗体能同时显示多个文档，且每个文档都显示在各自的窗口中。

（1）确保选中 frmMain 窗体，在窗体的空白位置单击即可。如图 2-22 所示，设置 frmMain 窗体的"IsMdiContainer"属性为"True"（设置该窗体为多文档界面子窗体的容器）。

（2）如图 2-23 所示，设置 frmMain 窗体的"Text""WindowState"属性如下。

- Text：学生选课系统。
- WindowState：Maximized（设置窗体运行时最大化）。

图 2-22　设置窗体的"IsMdiContainer"属性　　　图 2-23　设置窗体的"Text""WindowState"属性

（3）设置背景图片。如图 2-24 所示，在 frmMain 窗体的"属性"窗口中找到"BackgroundImage"属性，单击 ... 按钮。

（4）在弹出的"选择资源"对话框中，选中"本地资源"单选按钮，单击"导入"按钮。

（5）定位到"资源文件"文件夹中的"主窗体背景.jpg"文件，单击"打开"按钮。

图 2-24　设置窗体的"BackgroundImage"属性

（6）返回"选择资源"对话框，单击"确定"按钮。

注 意

在设置该属性时看不到该背景的图片效果，只有在运行窗体时才可以查看效果。

（7）如图 2-25 所示，设置 frmMain 窗体的"BackgroundImageLayout"属性为"Stretch"（设置背景图片为拉伸效果）。

（8）如图 2-26 所示，在 frmMain 窗体的"属性"窗口中找到"Resize"事件并双击，为其编写代码如下。

```csharp
private void frmMain_Resize(object sender, EventArgs e)
{
    this.Invalidate(true);
}
```

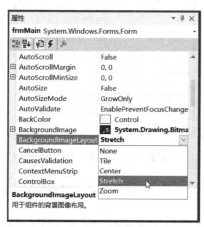

图 2-25　设置窗体的"BackgroundImageLayout"属性

图 2-26　找到"Resize"事件并双击

代码说明：当窗体大小发生变化时，强制重绘窗体及其子控件。如果没有该代码，那么在某些环境下窗体大小发生变化时可能出现类似图 2-27 所示的花屏情况。

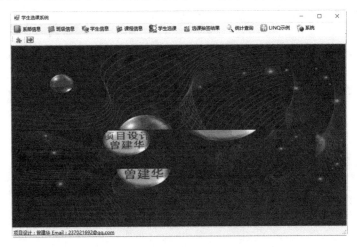

图 2-27 可能出现的花屏情况

（9）运行效果如图 2-28 所示。选择"系统"→"退出"命令或单击工具栏中的"退出"按钮都可以退出系统。

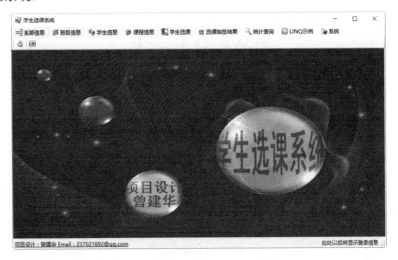

图 2-28 主界面完成后的运行效果

至此，基本主框架就搭建好了。在后面的各个项目中，我们将逐步实现每个菜单命令的具体功能。

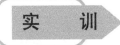

创建购物系统的主窗体，包括主菜单、工具栏、状态栏、MDI 主窗体。主菜单包括"供应商数据维护""手机产品""挑选商品""调用存储过程查询某产品的销售数量金额""统计查询"等，读者也可以自行设计想要的功能菜单，或者留待后续开发时逐步完善主菜单的功能。

　　主窗体运行效果如图 2-S-1 所示。该项目的主窗体背景图片使用了基于该数据库的网上购物系统网站首页，有兴趣的读者请参阅《Visual Studio 2010（C#）Web 数据库项目开发》（电子工业出版社，曾建华）。

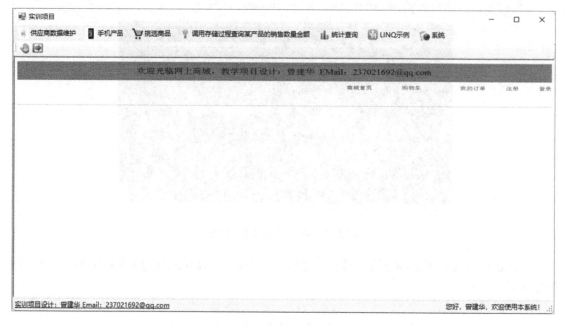

图 2-S-1　主窗体运行效果

项目3

数据维护窗体开发

数据维护窗体开发

学习目标

初步掌握类型化数据集的使用。

通过系部数据维护，学会以 DataGridView 控件的方式维护单表数据。

通过班级数据维护，学会在 DataGridView 控件中使用下拉列表维护带主外键关系表的数据。

通过学生数据维护，学会使用详细信息的方式维护数据，熟练使用数据绑定类型的下拉列表、固定值的下拉列表、DateTimePicker 日期控件等。

通过课程数据维护，学会自己控制新增、修改、删除等数据维护方式。

任务 3.1   系部数据维护

3.1.1   创建数据集并添加系部表

（1）如图 3-1 所示，在"解决方案资源管理器"窗口中右击"Xk"选项，在弹出的快捷菜单中选择"添加"→"新建项"命令。

（2）如图 3-2 所示，在"添加新项"对话框中单击"排序依据"下拉列表右侧的▦按钮，以小图标的方式查看，这样可以看到更多的选项。在"已安装"模板中选择"数据"选项，中间部分选择"数据集"选项，并在"名称"文本框中输入"dsXk.xsd"，单击"添加"按钮。

（3）添加新的数据集后，系统会切换到如图 3-3 所示的界面，单击界面左下角的"服务器资源管理器"按钮。

（4）如图 3-4 所示，在"服务器资源管理器"窗口中右击"数据连接"选项，在弹出的快捷菜单中选择"添加连接"命令。

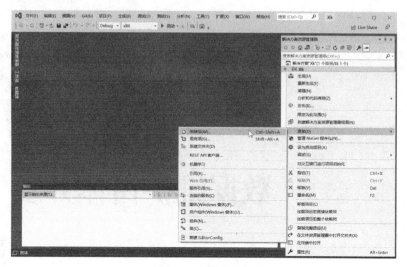

图 3-1　添加新项

图 3-2　添加数据集

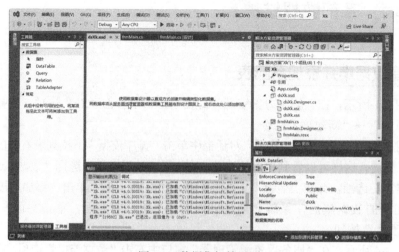

图 3-3　数据集初始界面

（5）如图 3-5 所示，确保数据源是"Microsoft SQL Server（SqlClient）"。

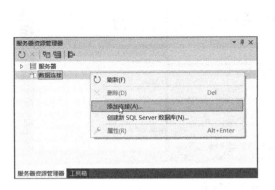

图 3-4　选择"添加连接"命令　　　　　图 3-5　"添加连接"对话框

设置"添加连接"对话框中的参数如下。

① 在"服务器名"文本框中输入".\SQLEXPRESS"，读者也可以根据自己的环境进行调整。

② 选中"使用 Windows 身份验证"单选按钮。

③ 在"选择或输入数据库名称"下拉列表中选择"Xk"选项。

设置完成后，单击"确定"按钮。

如果数据源不是"Microsoft SQL Server（SqlClient）"，则单击"更改"按钮，弹出如图 3-6 所示的对话框，选择"Microsoft SQL Server"选项，并单击"确定"按钮，返回"添加连接"对话框（见图 3-5）。

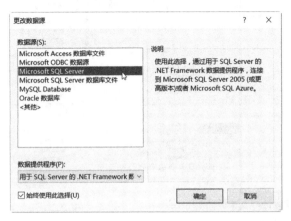

图 3-6　更改数据源

（6）在"服务器资源管理器"窗口中展开刚才添加的连接，这里显示为"hand\sqlexpress. Xk.dbo"，其中，"hand"为编者的计算机名称，读者在操作时看到的显示内容可能不一样，编者在不同的计算机上操作截图时，也可能出现截图中不是"hand"的情形。

（7）如图 3-7 所示，在"服务器资源管理器"窗口中展开"数据连接"→"hand\sqlexpress. Xk.dbo"→"表"选项，将"Department"表拖放到数据集的设计界面中。

图 3-7　添加 Department 表

3.1.2　设计"系部信息"窗体并维护数据

（1）如图 3-8 所示，在"解决方案资源管理器"窗口中右击"Xk"选项，在弹出的快捷菜单中选择"添加"→"窗体（Windows 窗体）"命令。

图 3-8　选择"窗体（Windows 窗体）"命令

（2）如图 3-9 所示，默认已经选择了"Visual C# 项"→"窗体（Windows 窗体）"选项，在"名称"文本框中输入"frmDepartment.cs"，单击"添加"按钮。

图 3-9 添加名为 frmDepartment 的 Windows 窗体

（3）将窗体调整为合适大小，设置窗体的"Text"属性为"系部信息"。

（4）如图 3-10 所示，选择"视图"→"其他窗口"→"数据源"命令。

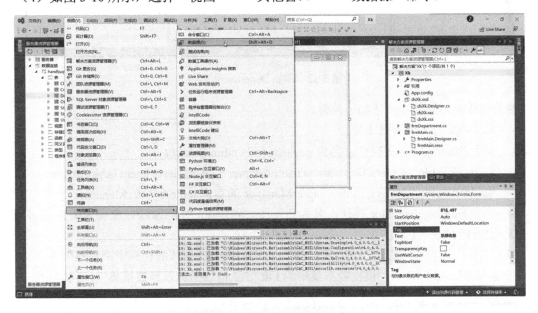

图 3-10 选择"数据源"命令

（5）如图 3-11 所示，在"数据源"窗口中确保 Department 左侧的图标为 DataGridView 状态。如果不是，可单击 Department 右侧的下拉按钮，选择"DataGridView"选项。

图 3-11　确保 Department 左侧的图标为 DataGridView 状态

（6）如图 3-12 所示，在"数据源"窗口中将"Department"表拖放到 frmDepartment 窗体中。

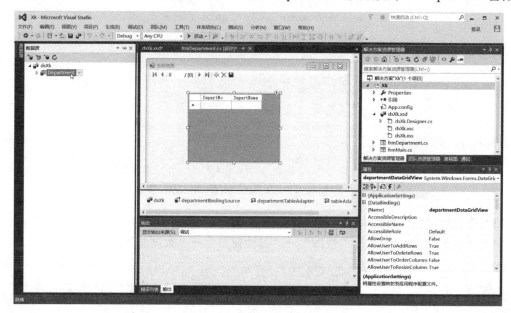

图 3-12　添加 Department 表

拖放完成后，窗体中多了如下控件。

- Xk.dsXk 的一个实例 dsXk。
- 一个 BindingSource 控件，名为 departmentBindingSource。
- Xk.dsXkTableAdapters.DepartmentTableAdapter 的实例 departmentTableAdapter。
- Xk.dsXkTableAdapters.TableAdapterManager 的实例 tableAdapterManager。
- 一个 BindingNavigator 控件，名为 departmentBindingNavigator，表现为图 3-12 中窗体上方的导航条。

（7）窗体中还自动添加了一些代码。下面我们切换到该窗体的代码中来观察一下。

在窗体的 Load 事件中，根据数据集中的 Fill 方法将数据加载到数据集中，代码如下。

```csharp
private void frmDepartment_Load(object sender, EventArgs e)
{
```

```
// TODO：这行代码将数据加载到 dsXk.Department 表中，用户可以根据需要移动或删除它
this.departmentTableAdapter.Fill(this.dsXk.Department);
}
```

departmentBindingNavigator 中的 departmentBindingNavigatorSaveItem 添加了 Click 事件，当单击"保存"按钮时，可将数据集中数据的变化（包括增加、删除、修改）更新到数据库中。反之，如果不单击"保存"按钮，则数据不会被更新到数据库中。"保存"按钮的 Click 事件代码如下。

```
private void departmentBindingNavigatorSaveItem_Click(object sender, EventArgs e)
{
    this.Validate();
    this.departmentBindingSource.EndEdit();
    this.tableAdapterManager.UpdateAll(this.dsXk);
}
```

（8）调整 DataGridView 控件的列标题。如图 3-13 所示，单击 DataGridView 控件右上角的小三角按钮，在弹出的设置面板中选择"编辑列"选项。

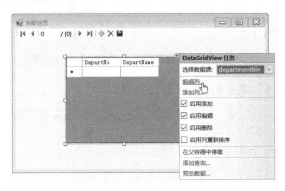

图 3-13　选择"编辑列"选项

（9）如图 3-14 所示，在"编辑列"对话框左侧的"选定的列"列表框中选择"DepartNo"选项，并在右侧绑定的属性中，设置"HeaderText"属性为"系部代码"。我们可以看到，"DataPropertyName"属性已经被设置为"DepartNo"。实际上，显示表中的哪一列数据就是由该属性决定的。

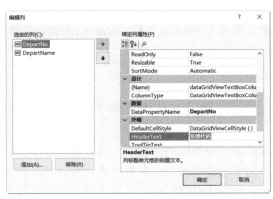

图 3-14　"编辑列"对话框

　　类似地，将"DepartName"列的"HeaderText"属性设置为"系部名称"，单击"确定"按钮。

　　（10）在主窗体中加入调用 frmDepartment 窗体的代码。如图 3-15 所示，在"解决方案资源管理器"窗口中双击"frmMain.cs"选项，打开该窗体的设计界面，双击"系部信息"菜单，将生成该菜单的 Click 事件框架。

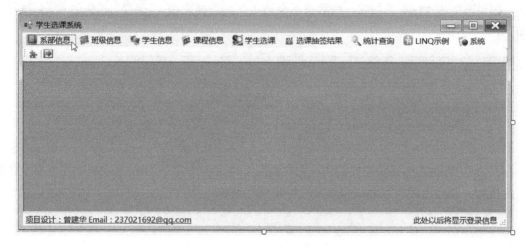

图 3-15　生成"系部菜单"的 Click 事件框架

　　（11）编写"系部信息"菜单的 Click 事件代码如下。

```
private void 系部信息 ToolStripMenuItem_Click(object sender, EventArgs e)
{
    frmDepartment f = new frmDepartment();
    f.MdiParent = this;
    f.Show();
}
```

　　关于"f.MdiParent = this"语句的说明：如果创建 MDI 子窗体，则需把要成为 MDI 父窗体的 Form 分配给该子窗体的"MdiParent"属性。此处 MDI 子窗体是 frmDepartment 的实例，MDI 父窗体是 frmMain 的实例，即 this。

> **注　意**
>
> 　　一定要将 MDI 父窗体（frmMain）的"IsMdiContainer"属性设置为"True"，否则运行时会出错。

　　（12）按"F5"键运行项目，在主窗体中选择"系部信息"菜单，运行效果如图 3-16 所示。

　　（13）在不违反数据库相关约束规则的前提下，可以进行如下测试。

　　① 添加一条记录，单击"保存"按钮，在数据库中验证是否加入了该记录。

　　② 修改刚添加的记录，单击"保存"按钮，在数据库中验证是否修改了该记录。

　　③ 删除刚添加的记录，单击"保存"按钮，在数据库中验证是否删除了该记录。

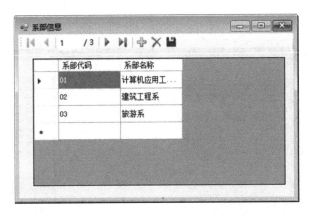

图 3-16 "系部信息"窗体的运行效果

任务 3.2 班级数据维护

3.2.1 修改数据集并添加班级表

（1）如图 3-17 所示，在"解决方案资源管理器"窗口中双击"dsXk.xsd"选项，编辑数据集。

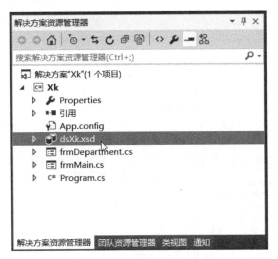

图 3-17 编辑数据集

（2）如图 3-18 所示，在"服务器资源管理器"窗口（如果看不到该窗口，可选择"视图"→"服务器资源管理器"命令）中展开"数据连接"→"hand\sqlexpress.Xk.dbo"→"表"选项，将"Class"表拖放到数据集的设计界面中。

（3）系统将根据数据库中主外键的关系在数据集中添加对应的关系。

在这里可以看到数据集的 Class 表和 Department 表之间有一个箭头，双击该箭头，可以查看该关系的详细设置，如图 3-19 所示。

虽然数据集和数据库之间通常是具有对应关系的，但两者都是可以独立设计的。当然，我们通常不需要这样做。

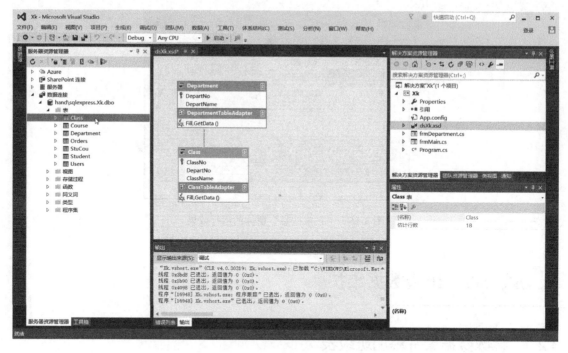

图 3-18　添加 Class 表

图 3-19　查看数据集中表之间的关系的详细设置

3.2.2　设计"班级信息"窗体并维护数据

（1）在项目中添加新的 Windows 窗体，并命名为"frmClass"。

（2）将窗体调整为合适大小，设置窗体的"Text"属性为"班级信息"。

（3）打开"数据源"窗口，如果看不到该窗口，可选择"视图"→"其他窗口"→"数据源"命令。

（4）在"数据源"窗口中确保 Class 左侧的图标为 DataGridView 状态，如果不是，可单击
Class 右侧的下拉按钮，选择"DataGridView"选项。

（5）在"数据源"窗口中将"Class"表拖放到 frmClass 窗体中。

（6）在主窗体中加入调用"班级信息"窗体的代码。

在"解决方案资源管理器"窗口中双击"frmMain.cs"选项，打开该窗体的设计界面。双
击"班级信息"菜单，为该菜单编写 Click 事件，代码如下。

```
private void 班级信息 ToolStripMenuItem_Click(object sender, EventArgs e)
{
    frmClass f = new frmClass();
    f.MdiParent = this;
    f.Show();
}
```

（7）在主窗体中选择"班级信息"菜单，运行效果如图 3-20 所示。

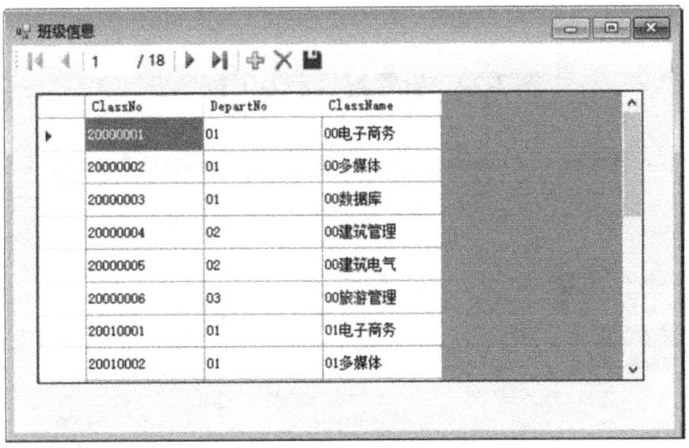

图 3-20　"班级信息"窗体的运行效果（1）

下面我们进一步完善系统。班级所在的系部现在显示的是系部代码，如果显示为对应的系
部名称，则会让用户感觉更直观。在修改数据时，直接选择已有的系部名称比输入系部代码更
方便，而且不会出错。下面我们将进行这方面的改进。

（8）如图 3-21 所示，单击 DataGridView 控件右上角的小三角按钮，在弹出的设置面板中
选择"编辑列"选项。

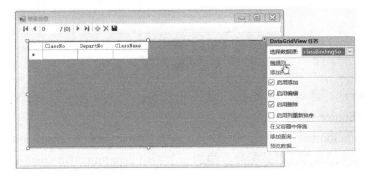

图 3-21　选择"编辑列"选项

（9）如图 3-22 所示，在"编辑列"对话框左侧的"选定的列"列表框中选择"DepartNo"选项，并在右侧绑定的属性中，设置"ColumnType"属性为"DataGridViewComboBoxColumn"，则该列显示为下拉列表。

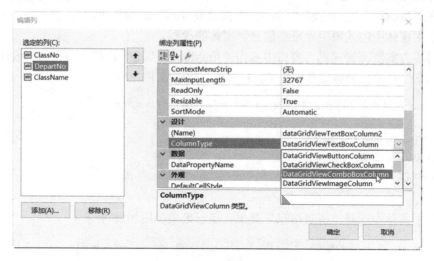

图 3-22　设置列显示为下拉列表

（10）如图 3-23 所示，设置"DataSource"属性为"Department"。

图 3-23　设置"DataSource"属性

如图 3-24 所示，经过上述操作，从图中间最下方可以看到，系统自动添加了一个 departmentBindingSource 控件。

再次单击"DataSource"右侧的下拉按钮，选择"departmentBindingSource"选项即可。如果继续重复进行这样的操作，则系统会再添加一个类似 departmentBindingSource 的控件，这样就不太好了。

（11）如图 3-25 所示，设置"DisplayMember"属性为"DepartName"。

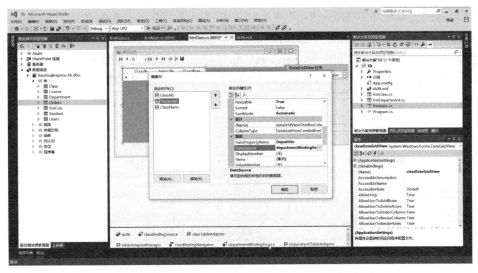

图 3-24 系统自动添加了一个 departmentBindingSource 控件

图 3-25 设置"DisplayMember"属性

（12）如图 3-26 所示，设置"ValueMember"属性为"DepartNo"。

图 3-26 设置"ValueMember"属性

上述步骤的说明如下："DepartNo"列对应的下拉列表中将显示系部名称，Department 表中有很多系部，系统将根据 Class 表中的系部代码在 Department 表中找到对应的系部名称并显示出来。当更新数据时，系统会将下拉列表中系部名称对应的系部代码更新到 Class 表中。

（13）将列标题分别调整为"班级代码""所在系部""班级名称"，如图 3-27 所示。

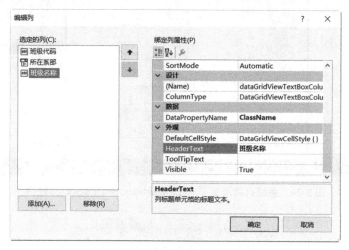

图 3-27　调整列标题

（14）如图 3-28 所示，读者可自行设置各列的宽度，即"Width"属性的值。

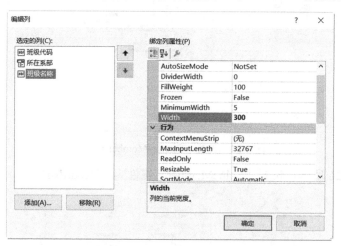

图 3-28　设置列的宽度

需要注意的是，DataGridView 控件中列的宽度不能通过拖曳的方式进行调整。

（15）如图 3-29 所示，设置"所在系部"列的"DisplayStyle"属性为"Nothing"。此样式在浏览模式时为普通的文本框，在进入编辑模式时变为下拉列表。

默认的 DropDownButton 样式则不管是浏览模式，还是编辑模式时都显示为下拉列表。

通常我们将"DisplayStyle"属性设置为"Nothing"的情形更多一些。

（16）单击"确定"按钮完成列的设置。

（17）在主窗体中选择"班级信息"菜单，运行效果如图 3-30 所示，可以看到"所在系部"列的内容显示为文本。

图 3-29 设置 "DisplayStyle" 属性

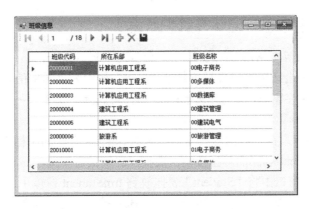

图 3-30 "班级信息"窗体的运行效果（2）

（18）如图 3-31 所示，在任意一个数据行单击"所在系部"列中的单元格，可以看到出现了下拉列表，可供用户选择新的值。

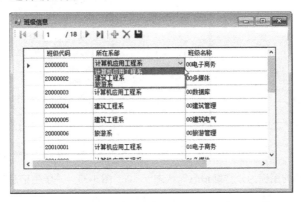

图 3-31 "所在系部"列中的单元格显示为下拉列表

（19）在不违反数据库相关约束规则的前提下，可以进行如下测试。

① 添加一条班级记录，其中的"所在系部"可在下拉列表中进行选择，单击"保存"按钮，在数据库中验证是否加入了该记录。同时，验证一下系部代码是否为下拉列表中选择的系部名称对应的系部代码。

② 修改刚添加的记录，单击"保存"按钮，在数据库中验证是否修改了该记录。

③ 删除刚添加的记录，单击"保存"按钮，在数据库中验证是否删除了该记录。

任务 3.3　学生数据维护

3.3.1　修改数据集并添加学生表

（1）在"解决方案资源管理器"窗口中双击"dsXk.xsd"选项，编辑数据集。

（2）在"服务器资源管理器"窗口中展开"数据连接"→"home\sqlexpress.Xk.dbo"→"表"选项，将"Student"表拖放到数据集的设计界面中。

3.3.2　设计"学生信息"窗体并维护数据

（1）在项目中添加新的 Windows 窗体，并命名为"frmStudent"。

（2）将窗体调整为合适大小，设置窗体的"Text"属性为"学生信息"。

（3）打开"数据源"窗口，如果看不到该窗口，可选择"视图"→"其他窗口"→"数据源"命令。

（4）如图 3-32 所示，在"数据源"窗口中确保 Student 左侧的图标为"详细信息"状态。如果不是，可单击 Student 右侧的下拉按钮，选择"详细信息"选项。

（5）在"数据源"窗口中将"Student"表拖放到 frmStudent 窗体中。如图 3-33 所示，可以看到窗体中没有 DataGridView 控件，而是以 TextBox 控件的方式来显示和操作数据的。这就是在"数据源"窗口中将 Student 左侧的图标分别设置为"DataGridView"和"详细信息"状态的区别。

图 3-32　确保 Student 左侧的图标为"详细信息"状态　　　图 3-33　"学生信息"窗体的运行效果（1）

（6）在主窗体中加入调用"学生信息"窗体的代码。在"解决方案资源管理器"窗口中双击"frmMain.cs"选项，打开该窗体的设计界面。双击"学生信息"菜单，为该菜单编写 Click 事件，代码如下。

```
private void 学生信息 ToolStripMenuItem_Click(object sender, EventArgs e)
{
    frmStudent f = new frmStudent();
```

```
        f.MdiParent = this;
        f.Show();
    }
```

（7）运行程序，在主窗体中选择"学生信息"
菜单，运行效果如图 3-34 所示。

学生所在的班级应该显示为"班级名称"，这样
的界面会比较友好。在修改数据时，根据班级名称
选择一个班级比直接输入班级代码更方便，而且不
会出错。下面我们将进行这方面的改进。

（8）结束程序运行，切换到"学生信息"窗体
的设计界面，如图 3-35 所示，将"Class No"右侧
的 TextBox 控件删除，在"工具箱"窗口中展开"公
共控件"选项，将"ComboBox"控件拖放到"Class No"右侧。

图 3-34　"学生信息"窗体的运行效果（2）

图 3-35　添加 ComboBox 控件（1）

（9）如图 3-36 所示，设置新添加的 ComboBox 控件的"DropDownStyle"属性为
"DropDownList"，使下拉列表只允许选择，不允许输入。

（10）如图 3-37 所示，单击 ComboBox 控件右上角的小三角按钮，在弹出的设置面板中勾
选"使用数据绑定项"复选框。

图 3-36　设置 ComboBox 控件的"DropDownStyle"属性

图 3-37　勾选"使用数据绑定项"复选框

（11）如图 3-38 所示，设置"数据源"为"Class"。

如果已经这样操作过，则系统将自动添加 classBindingSource 控件，当再次在"数据源"下拉列表中选择时，选择"classBindingSource"选项即可。

（12）如图 3-39 所示，设置"显示成员"为"ClassName"。

图 3-38　设置数据源

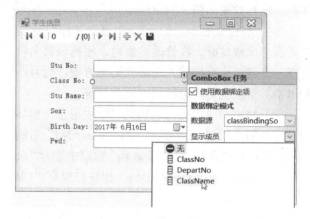

图 3-39　设置显示成员

（13）如图 3-40 所示，设置"值成员"为"ClassNo"。

（14）如图 3-41 所示，设置"选定值"为"studentBindingSource"下的"ClassNo"。

图 3-40　设置值成员

图 3-41　设置选定值

上述步骤的说明如下："Class No"下拉列表中将显示班级名称，Class 表中有很多班级，最终显示的班级是根据 Student 表中的班级代码在 Class 表中找到的对应班级名称。在更新数据时，系统会将下拉列表中班级名称对应的班级代码更新到 Student 表中。

（15）如图 3-42 所示，调整各 Label 控件的"Text"属性，使界面更友好。

（16）继续改进，将"性别"右侧的文本框调整为下拉列表，以便在下拉列表中选择"男"或"女"选项，这样比直接输入方便。

图 3-42 调整各 Label 控件的 "Text" 属性

（17）如图 3-43 所示，将 "性别" 右侧的 TextBox 控件删除，在 "工具箱" 窗口中展开 "公共控件" 选项，将 "ComboBox" 控件拖放到 "性别" 右侧。

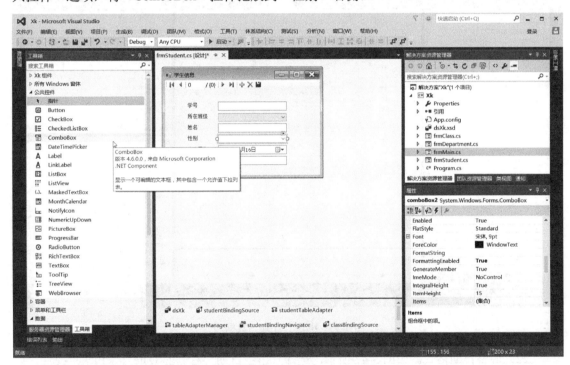

图 3-43 添加 ComboBox 控件（2）

（18）设置 "DropDownStyle" 属性为 "DropDownList"，使下拉列表只允许选择，不允许输入。

（19）如图 3-44 所示，单击 ComboBox 控件右上角的小三角按钮，在弹出的设置面板中选择 "编辑项" 选项。

（20）如图 3-45 所示，输入两行文字，分别为 "男" "女"，单击 "确定" 按钮。

（21）如图 3-46 所示，选择 "性别" 下拉列表，查看其属性，展开 "DataBindings" 属性列表，设置 "SelectedItem" 属性为 "studentBindingSource" 下的 "Sex"。

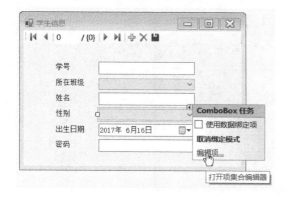

图 3-44　选择"编辑项"选项

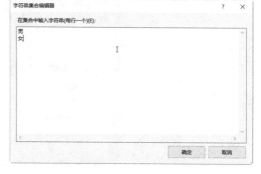

图 3-45　编辑"性别"下拉列表的数据项

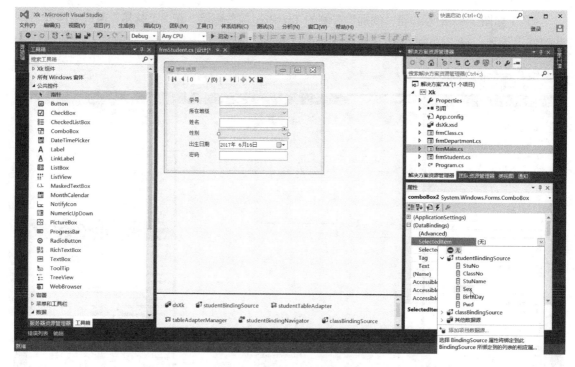

图 3-46　绑定"性别"数据项

（22）调整日期格式。如图 3-47 所示，选择"出生日期"右侧的 DateTimePicker 控件，设置其"Format"属性为"Custom"、"CustomFormat"属性为"yyyy-MM-dd"，表示年（4 位）、月（2 位）、日（2 位）的格式。

（23）运行程序，在主窗体中选择"学生信息"菜单，运行效果如图 3-48 所示。

（24）在不违反数据库相关约束规则的前提下，可以进行如下测试。

① 添加一条学生记录，其中的"所在班级"可在下拉列表中进行选择，单击"保存"按钮，在数据库中验证是否加入了该记录。同时，验证一下班级代码是否为下拉列表中选择的班级名称对应的班级代码。

② 修改刚添加的记录，单击"保存"按钮，在数据库中验证是否修改了该记录。

③ 删除刚添加的记录，单击"保存"按钮，在数据库中验证是否删除了该记录。

图 3-47 调整日期格式　　　　　　　图 3-48 "学生信息"窗体的最终运行效果

任务 3.4 课程数据维护

3.4.1 设计"课程信息"窗体

（1）在"解决方案资源管理器"窗口中双击"dsXk.xsd"选项，编辑数据集。

（2）在"服务器资源管理器"窗口中展开"数据连接"→"home\sqlexpress.Xk.dbo"→"表"选项，将"Course"表拖放到数据集的设计界面中。

（3）在项目中添加新的 Windows 窗体，并命名为"frmCourse"。

（4）将窗体调整为合适大小，设置窗体的"Text"属性为"课程信息"。

（5）打开"数据源"窗口，如果看不到该窗口，可选择"视图"→"其他窗口"→"数据源"命令。

（6）如图 3-49 所示，在"数据源"窗口中确保 Course 左侧的图标为"详细信息"状态。如果不是，可单击 Course 右侧的下拉按钮，选择"详细信息"选项。

图 3-49 设置 Course 为"详细信息"方式

（7）在"数据源"窗口中将"Course"表拖放到 frmCourse 窗体中。

（8）在主窗体中加入调用"课程信息"窗体的代码。在"解决方案资源管理器"窗口中双击"frmMain.cs"选项，打开该窗体的设计界面。双击"课程信息"菜单，为该菜单编写 Click 事件，代码如下。

```
private void 课程信息 ToolStripMenuItem_Click(object sender, EventArgs e)
{
    frmCourse f = new frmCourse();
    f.MdiParent = this;
    f.Show();
}
```

（9）切换到 frmCourse 窗体的设计界面，调整各 Label 控件的"Text"属性，使界面更友好，如图 3-50 所示。

（10）在主窗体中选择"课程信息"菜单，运行效果如图 3-51 所示。

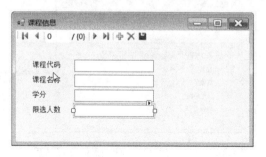

图 3-50　调整各 Label 控件的"Text"属性

图 3-51　"课程信息"窗体的运行效果

3.4.2　维护课程数据

（1）删除 courseBindingNavigator 控件中的 ⊕、✕、🖫 按钮。如图 3-52 所示，右击相应按钮，在弹出的快捷菜单中选择"删除"命令即可。

图 3-52　删除 courseBindingNavigator 控件中的按钮

我们保留前后导航的命令，以便自己控制新增、删除、修改等数据维护方式。

（2）为了方便后面的代码控制，我们将窗体上的 Label 控件和 TextBox 控件都放入一个 GroupBox 控件中。

在"工具箱"窗口中展开"容器"选项，将"GroupBox"控件拖放到窗体中，如图 3-53 所示。调整一下窗体的大小，使其能容纳准备放进来的控件。设置 GroupBox 控件的"Text"属性为空（清除原内容），将"Name"属性设置为"gbEdit"。

（3）如图 3-54 所示，将相关的 Label 控件和 Text 控件拖放到 GroupBox 控件中，并适当调整 GroupBox 控件及窗体的大小和位置。

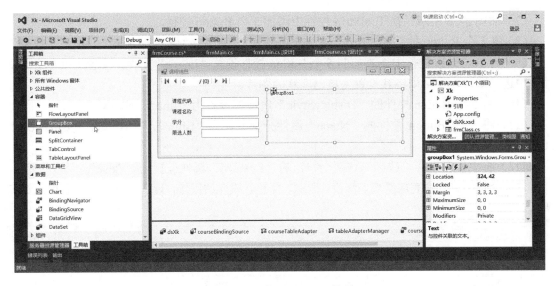

图 3-53 添加 GroupBox 控件

图 3-54 将 Label 控件和 Text 控件拖放到 GroupBox 控件中

（4）在"工具箱"窗口中展开"菜单和工具栏"选项，将"ToolStrip"控件拖放到窗体中。

（5）如图 3-55 所示，单击 ToolStrip 控件右上角的小三角按钮，在弹出的设置面板中设置其"Dock"属性为"Bottom"。

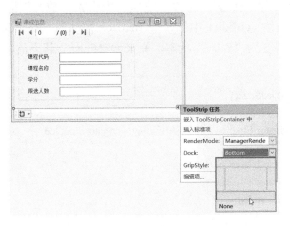

图 3-55 设置 ToolStrip 控件的"Dock"属性为"Bottom"

（6）将该 ToolStrip 控件的"Name"属性设置为"tsControl"。

（7）如图 3-56 所示，在 ToolStrip 控件中添加 5 个 Button 控件。

（8）将 5 个 Button 控件的"Text"属性分别设置为"新增""修改""删除""保存""放弃"。

（9）为 ToolStrip 控件中新添加的 5 个 Button 控件设置"Image"属性，读者可以在资源文件夹中选择图片，也可以将其设置为自己喜欢的图片。

（10）将 5 个 Button 控件的"DisplayStyle"属性都设置为"ImageAndText"。

（11）将 5 个 Button 控件的"Name"属性分别设置为"tsbInsert""tsbEdit""tsbDelete""tsbSave""tsbCancel"。

（12）将"保存"和"放弃"这两个按钮的"Enabled"属性设置为"False"。

这 5 个按钮将分别完成新增、修改、删除、保存、放弃的操作，现在设计好的界面如图 3-57 所示。

图 3-56　在 ToolStrip 控件中添加 5 个 Button 控件

图 3-57　添加新增、删除、修改等按钮

（13）将 GroupBox 控件（gbEdit）中的 4 个 TextBox 控件（couNoTextBox、couNameTextBox、creditTextBox、limitNumTextBox）的"ReadOnly"属性都设置为"True"，表示将最开始的课程代码、课程名称、学分、限选人数都设置为只读状态。

（14）切换到代码页，编写自定义方法 ChangeEnabledState。

该方法将数据导航条和"新增""修改""删除""保存""放弃"按钮的"Enabled"属性状态取反；将 GroupBox 控件（gbEdit）中的 4 个 TextBox 控件的"ReadOnly"属性状态取反，即原来为"True"状态的将变为"False"状态，原来为"False"状态的将变为"True"状态。相关代码如下。

```
private void ChangeEnabledState()
{
    courseBindingNavigator.Enabled = !courseBindingNavigator.Enabled;

    foreach (ToolStripItem b in tsControl.Items)
    {
        b.Enabled = !b.Enabled;
    }

    foreach (Control c in gbEdit.Controls)
    {
```

```
        if (c is TextBox)
            ((TextBox)c).ReadOnly = !((TextBox)c).ReadOnly;
    }
}
```

（15）双击"新增"按钮，生成 Click 事件框架，并编写代码如下。

```
private void tsbInsert_Click(object sender, EventArgs e)
{
    ChangeEnabledState();

    courseBindingSource.AddNew();

    couNoTextBox.Focus();
}
```

本段代码的功能如下。

① 切换"Enabled"属性状态。

② 调用 courseBindingSource 控件的 AddNew 方法，在数据集中添加一条新的数据行。

③ 将光标定位到"课程代码"文本框中。

（16）类似地，为"修改"按钮编写 Click 事件，代码如下。

```
private void tsbEdit_Click(object sender, EventArgs e)
{
    ChangeEnabledState();

    couNoTextBox.Focus();
}
```

本段代码的功能如下。

① 切换"Enabled"属性状态，这样就可以修改当前数据行的数据了。

② 将光标定位到"课程代码"文本框中。

（17）为"保存"按钮编写 Click 事件，代码如下。

```
private void tsbSave_Click(object sender, EventArgs e)
{
    ChangeEnabledState();

    this.Validate();

    this.courseBindingSource.EndEdit();

    this.tableAdapterManager.UpdateAll(this.dsXk);
}
```

本段代码的功能如下。

① 切换"Enabled"属性状态，回到原来的状态。

② 验证数据的合法性。

③ 结束编辑。

④ 将数据集中的数据更新到数据库中。

（18）为"放弃"按钮编写 Click 事件，代码如下。

```
private void tsbCancel_Click(object sender, EventArgs e)
{
    ChangeEnabledState();

    this.courseBindingSource.CancelEdit();
}
```

本段代码的功能如下。

① 切换"Enabled"属性状态，回到原来的状态。

② 取消所做的修改。

（19）为"删除"按钮编写 Click 事件，代码如下。

```
private void tsbDelete_Click(object sender, EventArgs e)
{
    if (courseBindingSource.Current != null)
    {
        if (MessageBox.Show("确实要删除吗?", "确认",
            MessageBoxButtons.YesNo,
            MessageBoxIcon.Question) == DialogResult.Yes)
        {
            courseBindingSource.RemoveCurrent();
            this.tableAdapterManager.UpdateAll(this.dsXk);
        }
    }
}
```

本段代码的功能如下。

① 先判断当前是否有数据，如果有，则询问用户是否确认删除；如果确认，则删除当前行。

② 将数据集的变化更新到数据库中。

（20）运行程序，在主窗体中选择"课程信息"菜单，运行效果如图 3-58 所示。

（21）在不违反数据库相关约束规则的前提下，可以进行如下测试。

① 单击"新增"按钮，添加数据，如图 3-59 所示。注意相关控件的"Enabled"属性或"ReadOnly"属性状态发生了变化，我们就是以此来控制用户的操作方式的。

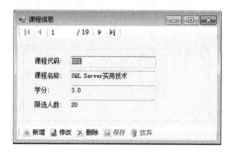

图 3-58　"课程信息"窗体的运行效果

图 3-59　添加数据

② 自行录入测试数据，单击"保存"按钮，在数据库中验证是否添加了该数据。注意各控件的"Enabled"属性状态回到了原来的状态。

③ 单击"修改"按钮，修改数据，并单击"保存"按钮，在数据库中验证是否修改了该数据。

④ 单击"删除"按钮，并在提示对话框中单击"是"按钮确认删除，在数据库中验证是否删除了该数据。

 实　　训

1．在 DataGridView 控件中以维护单表数据的方式设计 Suppliers 表的数据维护窗体，运行效果如图 3-S-1 所示。

2．使用 DataGridView 控件设计 Mobiles 表的数据维护窗体，其中，"供应商"列以下拉列表的方式进行维护，运行效果如图 3-S-2 所示。

3．使用详细信息的方式设计 Mobiles 表的数据维护窗体，运行效果如图 3-S-3 所示。

4．以自己控制新增、修改、删除的数据维护方式设计 Mobiles 表的数据维护窗体，运行效果如图 3-S-4 所示。

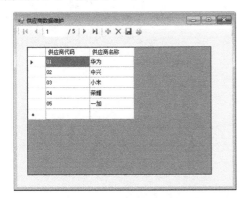

图 3-S-1　Suppliers 表的数据维护窗体的运行效果

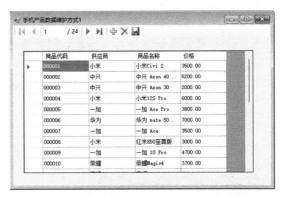

图 3-S-2　Mobiles 表的数据维护窗体的运行效果（1）

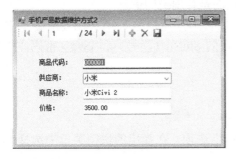

图 3-S-3　Mobiles 表的数据维护窗体的运行效果（2）

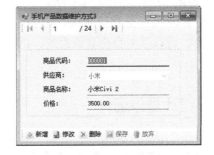

图 3-S-4　Mobiles 表的数据维护窗体的运行效果（3）

说明：第 2、3、4 题都是维护 Mobiles 表的数据，这里以练习为目的，在实际使用中只需开发其中一个即可。

项目 4

<<<<<<

系统登录及权限管理

系统登录及权限管理

学习目标

熟练掌握全局变量。

熟练掌握如何编写代码来访问数据库。

熟练掌握如何设置启动窗体。

能够开发登录验证窗体及进行权限控制。

培养遵守道德、无私敬业的品格。

任务 4.1 系统登录

Xk 数据库中有一个名为 Users 的表，该表中存储的是管理员的信息。

若以管理员身份登录系统，则使用 Users 表的 UserID（用户号）和 Pwd（密码）作为验证信息。若以学生身份登录系统，则使用 Student 表的 StuNo（学号）和 Pwd（密码）作为验证信息。

4.1.1 设计登录窗体

（1）在"解决方案资源管理器"窗口中右击"Xk"选项，在弹出的快捷菜单中选择"添加"→"窗体（Windows 窗体）"命令。

（2）设置窗体的属性如下。

- Name：frmLogin。
- Text：登录系统。
- FormBorderStyle：FixedDialog（窗体边界样式，不可改变窗体大小）。

- MaximizeBox：False（不显示最大化按钮）。
- MinimizeBox：False（不显示最小化按钮）。
- StartPosition：CenterScreen（窗体启动后显示在屏幕中间）。

（3）如图 4-1 所示，在窗体中放入一个 PictureBox 控件，两个 Label 控件，两个 TextBox 控件，两个 Button 控件和一个 CheckBox 控件。

图 4-1　在窗体中放入控件

（4）每个控件的"Text"属性可以从图 4-1 中看出来，这里就不再赘述了。

（5）将"请输入用户名"右侧的 TextBox 控件的"Name"属性设置为"txtID"。

（6）将"请输入密码"右侧的 TextBox 控件的"Name"属性设置为"txtPwd"、"PasswordChar"属性设置为"*"。

（7）设置 txtID 文本框的"Text"属性为"001"、txtPwd 文本框的"Text"属性为"123"，这是其中一个管理员的用户名和密码。

这是为了运行测试时比较方便，避免每次测试时都需要输入用户名和密码。注意，在实际开发中是不需要也不能这样设置的。

（8）设置"登录"按钮的"Name"属性为"btnLogin"。

（9）设置"退出"按钮的"Name"属性为"btnExit"。

（10）设置 PictureBox 控件和两个 Button 控件的"Image"属性，适当美化界面。

（11）设置两个 Button 控件的"ImageAlign"属性为"MiddleLeft"。

（12）将"管理员"复选框的"Name"属性设置为"cbIsManager"、"Checked"属性设置为"True"。当勾选该复选框时，表示以管理员身份登录系统，否则以学生身份登录系统。

4.1.2　编写供全局使用的静态类

在"解决方案资源管理器"窗口中右击"Xk"选项，选择"添加"→"类"命令，并将该类命名为"CPublic.cs"。我们将这个类设计为静态的，用于存放一些全局变量，如登录用户的信息等。

下面将说明我们写了哪些代码。

（1）引入名称空间。

```
using System.Data;
using System.Data.SqlClient;
```

（2）在 CPublic 类中声明一个静态变量。

```
public static DataRow LoginInfo;
```

LoginInfo 变量用于保存用户信息，如学号、姓名等。编者将其设计为 DataRow 类型，这样使用起来更方便，例如，LoginInfo["StuNo"]表示学号，LoginInfo["StuName"]表示姓名，而不用声明多个变量。

（3）在 CPublic 类中声明一个布尔型静态变量 isManager，用来识别用户的登录身份是管理员还是学生。该变量为"True"时表示登录身份是管理员，为"False"时表示登录身份是学生。

```
public static bool isManager;
```

（4）在 CPublic 类中声明两个静态方法。

```
public static void CheckUsers(string UserID, string Pwd)
```

该方法根据参数传入的用户号、密码与 Users 表中的信息进行验证，如果验证正确，则给 LoginInfo 变量赋予登录用户的值，否则 LoginInfo 变量为空。

```
public static void CheckStudent(string StuNo, string Pwd)
```

该方法根据参数传入的学号、密码与 Student 表中的信息进行验证，如果验证正确，则给 LoginInfo 变量赋予登录用户的值，否则 LoginInfo 变量为空。

在后续编程时，我们就可以根据 LoginInfo 变量是否为空来判断用户是否正确登录。

CPublic 类的代码如下。

```
using System;
using System.Collections.Generic;
using System.Linq;
using System.Text;
using System.Data;
using System.Data.SqlClient;
namespace Xk
{
    class CPublic
    {
        public static DataRow LoginInfo;
        public static bool isManager;
        public static void CheckUsers(string UserID, string Pwd)
        {
            SqlConnection cn = new SqlConnection(Properties.Settings. Default.XkConnectionString);
            SqlDataAdapter da = new SqlDataAdapter("SELECT * FROM Users WHERE
UserID=@UserID AND Pwd=@Pwd", cn);
            da.SelectCommand.Parameters.Add("@UserID", SqlDbType.NVarChar,8).Value = UserID;
            da.SelectCommand.Parameters.Add("@Pwd", SqlDbType.NVarChar, 8).Value = Pwd;
            DataSet ds = new DataSet();
            da.Fill(ds);
            if (ds.Tables[0].Rows.Count > 0)
            {
                LoginInfo = ds.Tables[0].Rows[0];
```

```
                    isManager = true;
                }
                else
                    LoginInfo = null;
            }
            public static void CheckStudent(string StuNo, string Pwd)
            {
                SqlConnection cn = new SqlConnection(Properties.Settings.Default. XkConnectionString);
                SqlDataAdapter da = new SqlDataAdapter("SELECT * FROM Student WHERE
StuNo=@StuNo AND Pwd=@Pwd", cn);
                da.SelectCommand.Parameters.Add("@StuNo", SqlDbType.NVarChar, 8).Value = StuNo;
                da.SelectCommand.Parameters.Add("@Pwd", SqlDbType.NVarChar, 8).Value = Pwd;
                DataSet ds = new DataSet();
                da.Fill(ds);
                if (ds.Tables[0].Rows.Count > 0)
                {
                    LoginInfo = ds.Tables[0].Rows[0];
                    isManager = false;
                }
                else
                    LoginInfo = null;
            }
        }
    }
```

关于 Properties.Settings.Default.XkConnectionString 的说明：该语句从项目的设置中读取与数据库连接的连接字符串。如图 4-2 所示，在"解决方案资源管理器"窗口中展开"Properties"→"Settings.settings"选项，即可进行查看。

图 4-2 查看属性设置

如图 4-3 所示，可以看到连接字符串的具体值，这实际上是在前面进行操作时系统自动添加的。连接字符串统一写在这里的好处是：如果需要修改，则只需在这里进行修改，方便系统维护。

假如我们换了一台机器，数据库被放在默认实例下，而不是 SQLEXPRESS 实例下，那么我们可以修改连接字符串的值（见图 4-3 中的阴影位置）。这里无须修改，只是为了向读者说明此用法。

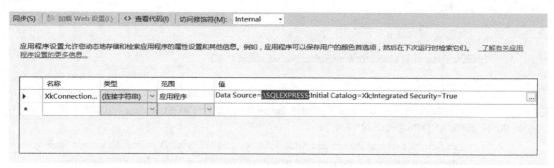

图 4-3　连接字符串

4.1.3　编写登录相关代码

（1）回到 Login 窗体的设计界面，双击"登录"按钮，为其编写 Click 事件。

首先，根据是否勾选"管理员"复选框来确定是调用 CPublic 类中的 getUsers 方法还是 getStudent 方法，参数的值对应两个文本框中的值。

然后，根据 LoginInfo 变量的值是否为空来确定逻辑，如果为空，则表示验证未通过，给出错误提示（窗体不关闭，可以继续输入）；如果不为空，则表示验证通过，关闭登录窗体。

代码如下。

```
private void btnLogin_Click(object sender, EventArgs e)
{
    if (cbIsManager.Checked)
        CPublic.CheckUsers(txtID.Text, txtPwd.Text);
    else
        CPublic.CheckStudent(txtID.Text, txtPwd.Text);

    if (CPublic.LoginInfo == null)
        MessageBox.Show("密码错误！", "登录", MessageBoxButtons.OK, MessageBoxIcon.Information);
    else
        Close();
}
```

（2）双击"退出"按钮，为其编写 Click 事件（即关闭登录窗体），代码如下。

```
private void btnExit_Click(object sender, EventArgs e)
{
    Close();
}
```

登录的流程一般为：系统在运行时启动登录窗体，在用户验证后运行主窗体（本书为 frmMain）。那么，我们是如何实现的呢？

在"解决方案资源管理器"窗口中双击"Program.cs"选项，改写代码如下。代码逻辑为：

先运行 Login 登录窗体，然后根据 CPublic.LoginInfo 变量是否为空来判断是否正确登录，由此决定是否运行 frmMain 窗体。

```
using System;
using System.Collections.Generic;
using System.Linq;
using System.Threading.Tasks;
using System.Windows.Forms;
namespace Xk
{
    static class Program
    {
        /// <summary>
        /// 应用程序的主入口点
        /// </summary>
        [STAThread]
        static void Main()
        {
            Application.EnableVisualStyles();
            Application.SetCompatibleTextRenderingDefault(false);
            Application.Run(new frmLogin());
            if (CPublic.LoginInfo != null)
                Application.Run(new frmMain());
        }
    }
}
```

（3）运行程序，结果如图 4-4 所示。如果输入的用户名、密码不正确，则给出提示信息并要求重新输入。

图 4-4　运行程序的结果

（4）确保输入正确的管理员用户名和密码，如用户名为"001"、密码为"123"，勾选"管理员"复选框，单击"登录"按钮，将以管理员身份登录系统，登录后的主界面如图 4-5 所示。

（5）确保输入正确的学生用户名和密码，如用户名为"00000001"、密码为"123"，取消勾选"管理员"复选框，单击"登录"按钮，将以学生身份登录系统。

可以看到，目前以管理员身份和学生身份登录后的主界面并没有什么区别：两种身份都可以使用所有的菜单命令。

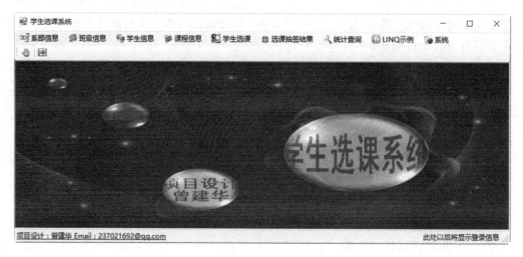

图 4-5　登录后的主界面

任务 4.2　权限管理

4.2.1　登录信息

下面介绍如何实现在登录后的主界面中显示欢迎用户的信息。

（1）打开 frmMain 窗体的设计界面。窗体右下角的状态栏里有一个名为 LoginInfo 的 Label 控件，该控件是用来显示登录信息的。

（2）为 frmMain 窗体的 Load 事件编写如下代码。

```
private void frmMain_Load(object sender, EventArgs e)
{
    if (CPublic.isManager)
    {
        LoginInfo.Text = "您好，" + CPublic.LoginInfo["UserName"] + "管理员，欢迎使用本系统！";
    }
    else
    {
        LoginInfo.Text = "您好，" + CPublic.LoginInfo["StuName"] + "同学，欢迎使用本系统！";
    }
}
```

（3）frmMain 窗体的左下角显示了登录人员的 E-mail 信息。如果希望用户单击此处时启动邮件程序，则可以双击该 toolStripStatusLabel 控件，为其编写 Click 事件，代码如下。

```
private void toolStripStatusLabel1_Click(object sender, EventArgs e)
{
    System.Diagnostics.Process.Start("mailto:237021692@qq.com");
}
```

（4）运行程序，结果如图 4-6 所示，可以看到界面右下角显示了登录人员的欢迎信息。

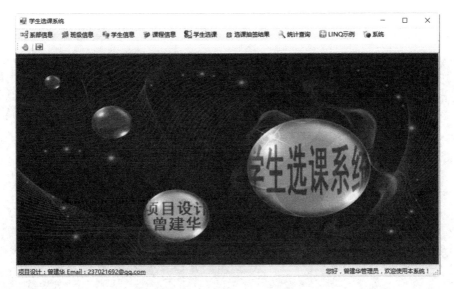

图 4-6　显示登录人员的欢迎信息

（5）单击界面左下角的 E-mail 信息，将启动系统的默认邮件系统。

4.2.2　操作权限控制

该项目的控制权限为：如果以管理员身份登录系统，则可以使用除"学生选课"菜单以外的所有菜单的功能；如果以学生身份登录系统，则只可以使用"学生选课""系统"两个菜单的功能。

（1）改写 frmMain 窗体的 Load 事件，编写如下代码。

```
private void frmMain_Load(object sender, EventArgs e)
{
    if (CPublic.isManager)
    {
        LoginInfo.Text = "您好，" + CPublic.LoginInfo["UserName"] + "管理员，欢迎使用本系统！";
        学生选课 ToolStripMenuItem.Enabled = false;
    }
    else
    {
        LoginInfo.Text = "您好，" + CPublic.LoginInfo["StuName"] + "同学，欢迎使用本系统！";
        系部信息 ToolStripMenuItem.Enabled = false;
        班级信息 ToolStripMenuItem.Enabled = false;
        学生信息 ToolStripMenuItem.Enabled = false;
        课程信息 ToolStripMenuItem.Enabled = false;
        统计查询 ToolStripMenuItem.Enabled = false;
        选课抽签结果 ToolStripMenuItem.Enabled = false;
        LINQ 示例 ToolStripMenuItem.Enabled = false;
    }
}
```

（2）运行程序，以管理员身份登录系统，如图 4-7 所示，可以看到"学生选课"菜单不可用。

图 4-7　"学生选课"菜单不可用

（3）重新运行程序，以学生身份登录系统，如图 4-8 所示，可以看到仅"学生选课""系统"两个菜单可用。

图 4-8　仅"学生选课""系统"两个菜单可用

实　　训

设计如图 4-S-1 所示的登录界面。当输入的用户名和密码符合 Users 表中的数据时才可以通过单击"登录"按钮登录系统（注意测试：单击"退出"按钮或右上角的 **X** 按钮时不能进入系统）。

图 4-S-1　登录界面

　　说明：本系统为简化版本，不考虑管理员或不同级别权限不同的情况，只要是 Users 表中的合法用户，就可以使用登录、购物、维护数据及其他所有功能。读者也可以自行修改数据库，如增加管理员用户，并与普通用户进行权限区别，以便使用不同的功能。

项目 5

学生选课

学生选课

学习目标

领会通过灵活编程实现业务的逻辑。

掌握 DataGridView 控件的一些常用技巧。

培养团队合作、协同工作的能力。

注意：本项目将以学生身份登录系统并进行测试。

任务 5.1 选课填报志愿

Xk 数据库中有一个 StuCou 表（学生选课表），其中包括 StuNo（学号）、CouNo（课程代码）、WillOrder（志愿号），代表某学生报名了某课程，该项目要求每个学生最多可以填报 5 个志愿。StuCou 表中存在一个 State 列，该列可取"报名"或"选中"两种值，最终的报名结果由系统抽签决定。如果抽中了，则 State 列的值为"选中"，否则为"报名"。

5.1.1 界面设计

（1）在"解决方案资源管理器"窗口中右击"Xk"选项，在弹出的快捷菜单中选择"添加"→"窗体（Windows 窗体）"命令，在"名称"文本框中输入"frmSelectCourse"，设置窗体的"Text"属性为"选课"。

（2）如图 5-1 所示，在"选课"窗体中放入两个 Label 控件和两个 DataGridView 控件。将两个 Label 控件的"Text"属性分别设置为"课程列表"和"已选课程"；将上方 DataGridView 控件的"Name"属性设置为"dgvCourse"；将下方 DataGridView 控件的"Name"属性设置为"dgvSelectCourse"。

（3）切换到代码视图，加入如下代码。

```
using System.Data.SqlClient;
```

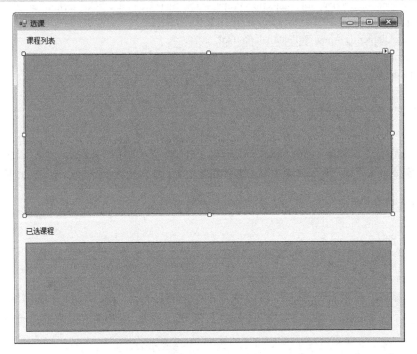

图 5-1 "选课"窗体

（4）在 frmSelectCourse 类中声明一个变量。

```
DataSet ds = new DataSet();
```

（5）在 frmSelectCourse 类中编写一个 getStuCou 方法，用于获取登录系统的学生已经报名的课程信息。getStuCou 方法的代码如下。

```
private void getStuCou()
{
    SqlConnection cn = new SqlConnection(Properties.Settings.Default. XkConnectionString);
    string sql = " SELECT StuCou.*,CouName FROM StuCou,Course";
    sql += " WHERE StuCou.CouNo=Course.CouNo AND StuNo=@StuNo";
    sql += " ORDER BY WillOrder";
    SqlDataAdapter da = new SqlDataAdapter(sql, cn);
    da.SelectCommand.Parameters.Add("StuNo", SqlDbType.NVarChar, 8).Value = CPublic.LoginInfo
["StuNo"].ToString();
    cn.Open();
    da.Fill(ds, "StuCou");
    cn.Close();
    dgvSelectCourse.DataSource = ds.Tables["StuCou"];
}
```

（6）在 frmSelectCourse 类中编写一个 getCourse 方法，以便列出所有的课程，使学生可以从所有的课程中挑选自己喜欢的课程来报名。getCourse 方法的代码如下。

```
private void getCourse()
{
    SqlConnection cn = new SqlConnection(Properties.Settings.Default. XkConnectionString);
    string sql = " SELECT * FROM Course ORDER BY CouNo";
    SqlDataAdapter da = new SqlDataAdapter(sql, cn);
    cn.Open();
    da.Fill(ds, "Course");
    cn.Close();
    dgvCourse.DataSource = ds.Tables["Course"];
}
```

（7）如果希望在窗体运行时 DataGridView 控件能显示期望的数据，则可以先切换到设计界面，双击窗体的空白位置，产生 Load 事件框架，再切换到代码界面，编写如下代码。

```
private void frmSelectCourse_Load(object sender, EventArgs e)
{
    getStuCou();
    getCourse();
}
```

（8）在"解决方案资源管理器"窗口中双击"frmMain.cs"选项，打开该窗体的设计界面，如图 5-2 所示，在 frmMain 窗体的"学生选课"菜单下添加"选课填报志愿"命令。

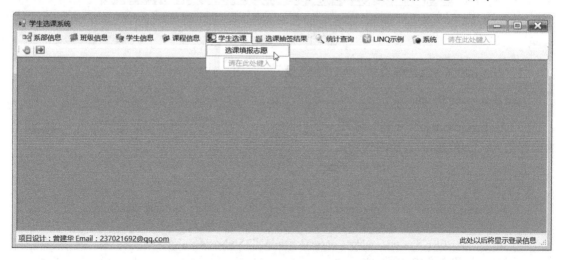

图 5-2　添加"选课填报志愿"命令

（9）双击"选课填报志愿"命令，为其编写 Click 事件，代码如下。

```
private void 选课填报志愿 ToolStripMenuItem_Click_1(object sender, EventArgs e)
{
    frmSelectCourse f = new frmSelectCourse();
    f.MdiParent = this;
    f.Show();
}
```

（10）这里以学号为"00000001"的学生身份登录系统，并在主菜单中选择"学生选课"→

"选课填报志愿"命令，运行效果如图 5-3 所示。

对于已选课程，我们只需要将课程代码、课程名称、志愿号这几列显示给用户看。

更改 DataGridView 控件的列标题在前面操作过，但这次操作稍有不同。前面 DataGridView 控件的数据源设计的数据集是类型化数据集，这里 DataGridView 控件的数据源设计的数据集是非类型化数据集。

（11）更改 DataGridView 控件的列标题，切换到 frmSelectCourse 窗体的设计界面。如图 5-4 所示，单击窗体上方的 DataGridView 控件右上角的小三角按钮，在弹出的设置面板中，确保不要勾选"启用添加""启用编辑""启用删除""启用列重新排序"复选框，选择"编辑列"选项。

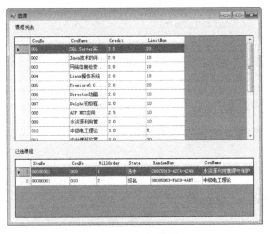

图 5-3 运行效果

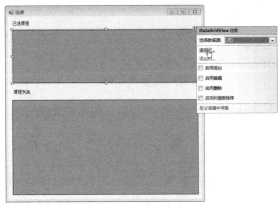

图 5-4 选择"编辑列"选项（1）

（12）在弹出的"编辑列"对话框中单击"添加"按钮，打开"添加列"对话框，各选项的设置如图 5-5 所示。

（13）单击"添加"按钮，继续添加新的列，各选项的设置如图 5-6 所示。

图 5-5 添加列（1）

图 5-6 添加列（2）

（14）单击"添加"按钮，继续添加新的列，各选项的设置如图 5-7 所示。

（15）单击"添加"按钮，继续添加新的列，各选项的设置如图 5-8 所示。

图 5-7　添加列（3）　　　　　　　　　　　　图 5-8　添加列（4）

（16）单击"添加"按钮，继续添加新的列，各选项的设置如图 5-9 所示。

注　意

此处设置"类型"为"DataGridViewButtonColumn"。

（17）单击"添加"按钮，完成"报名"列的设置。

（18）单击"关闭"按钮，结束列的添加。

（19）如图 5-10 所示，将"课程代码"列的"DataPropertyName"属性设置为"CouNo"。

图 5-9　添加列（5）　　　　　　　　图 5-10　设置"DataPropertyName"属性（1）

（20）类似地，将"课程名称"列的"DataPropertyName"属性设置为"CouName"；将"学分"列的"DataPropertyName"属性设置为"Credit"；将"限选人数"列的"DataPropertyName"

属性设置为"LimitNum"。

（21）如图 5-11 所示，设置"报名"列的属性如下。

- Text：报名。
- UseColumnTextForButtonValue：True。

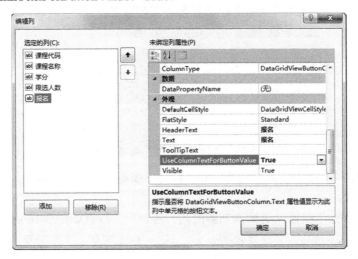

图 5-11　设置"报名"列的属性

（22）如图 5-12 所示，注意图中鼠标指针的位置，单击"报名"列的"DefaultCellStyle"属性右边的 ⌞…⌟ 按钮。

（23）如图 5-13 所示，展开"Padding"属性列表，设置"Left"和"Right"属性的值均为"10"。单击"确定"按钮。

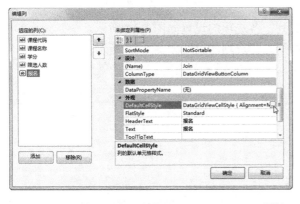

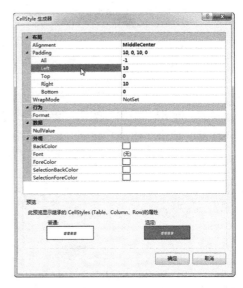

图 5-12　单击"报名"列的"DefaultCellStyle"属性　　图 5-13　设置"报名"列的"Padding"属性

（24）如图 5-14 所示，单击窗体下方的 DataGridView 控件右上角的小三角按钮，在弹出的设置面板中，确保不要勾选"启用添加""启用编辑""启用删除""启用列重新排序"复选框，选择"编辑列"选项。

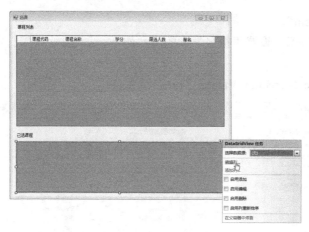

图 5-14　选择"编辑列"选项（2）

（25）在弹出的"编辑列"对话框中单击"添加"按钮，打开"添加列"对话框，各选项的设置如图 5-15 所示。

（26）单击"添加"按钮，继续添加新的列，各选项的设置如图 5-16 所示。

图 5-15　添加列（6）

图 5-16　添加列（7）

（27）单击"添加"按钮，继续添加新的列，各选项的设置如图 5-17 所示。

（28）单击"添加"按钮，继续添加新的列，各选项的设置如图 5-18 所示。

图 5-17　添加列（8）

图 5-18　添加列（9）

注　意

此处设置"类型"为"DataGridViewButtonColumn"。

（29）单击"添加"按钮，完成"取消"列的设置。

（30）单击"关闭"按钮，结束列的添加。

（31）如图 5-19 所示，将"课程代码"列的"DataPropertyName"属性设置为"CouNo"。

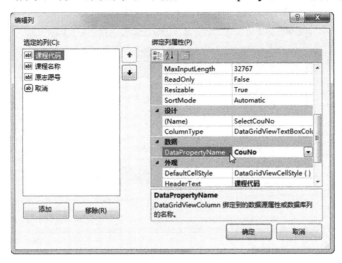

图 5-19　设置"DataPropertyName"属性（2）

（32）类似地，将"课程名称"列的"DataPropertyName"属性设置为"CouName"；将"原志愿号"列的"DataPropertyName"属性设置为"WillOrder"。

（33）如图 5-20 所示，注意图中鼠标指针的位置，单击"取消"列的"DefaultCellStyle"属性右边的 ... 按钮。

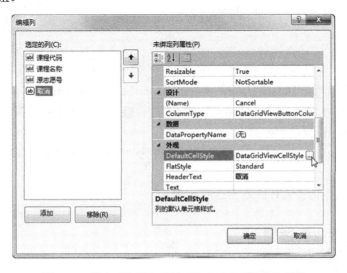

图 5-20　单击"取消"列的"DefaultCellStyle"属性

（34）如图 5-21 所示，展开"Padding"属性列表，设置"Left"和"Right"属性的值均为"10"。单击"确定"按钮。

图 5-21　设置"取消"列的"Padding"属性

（35）将两个 DataGridView 控件的宽度调整为合适的值。

（36）修改窗体的 Load 事件，代码如下。

```
private void frmSelectCourse_Load(object sender, EventArgs e)
{
    dgvCourse.AutoGenerateColumns = false;
    dgvSelectCourse.AutoGenerateColumns = false;
    getStuCou();
    getCourse();
}
```

上述代码表示将两个 DataGridView 控件的"AutoGenernateColumns"属性设置为"False"，默认值为"True"（为"True"时，DataGridView 控件会将数据源中所有列的数据显示出来）。这里我们希望只显示设置的那些列。

读者可将"AutoGenernateColumns"属性设置为"True"，并对照观察一下运行效果有何不同。

（37）运行测试，请读者仔细观察运行效果。

5.1.2　实现选课业务逻辑

（1）按照下面的步骤完成本功能。

① 将 dgvCourse（课程列表）中选中的课程加入 dgvSelectCourse（已选课程）。

② 如果选中的课程是 dgvSelectCourse 中已有的课程，则不允许添加，并给出提示。

③ 如果在 dgvSelectCourse 中已有 5 门课程，则不允许添加，并给出提示（本系统规定，每人限报 5 门课程）。

（2）编写自定义方法 SCourse，代码如下。

```
private void SCourse()
{
    if (dgvCourse.CurrentRow != null)
    {
        string CouNo = dgvCourse.CurrentRow.Cells["CouNo"].Value.ToString();
        string CouName = dgvCourse.CurrentRow.Cells["CouName"].Value. ToString();
        DataRow dr = ds.Tables["StuCou"].NewRow();
        dr["CouNo"] = CouNo;
        dr["CouName"] = CouName;
        ds.Tables["StuCou"].Rows.Add(dr);
    }
}
```

（3）选中 dgvCourse，在其事件列表中找到 CellContentClick 事件并双击，如图 5-22 所示，产生事件框架。

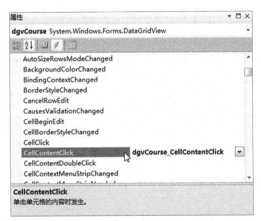

图 5-22　双击 dgvCourse 的 CellContentClick 事件

（4）编写 dgvCourse 的 CellContentClick 事件代码，如果单击的是"Join"按钮，则调用 SCourse 方法，代码如下。

```
private void dgvCourse_CellContentClick(object sender, DataGridView CellEventArgs e)
{
    if (dgvCourse.Columns[e.ColumnIndex].Name == "Join")
    {
        SCourse();
    }
}
```

（5）现在我们来控制：如果选中的课程是 dgvSelectCourse 中已有的课程，则不允许添加，并给出提示。改写 SCourse 方法，代码如下。

```
private void SCourse()
{
    if (dgvCourse.CurrentRow != null)
    {
        string CouNo = dgvCourse.CurrentRow.Cells["CouNo"].Value.ToString();
        DataRow[] adr;
        adr = ds.Tables["StuCou"].Select("CouNo='" + CouNo + "'");
        if (adr.Length == 0)
        {
            string CouName = dgvCourse.CurrentRow.Cells["CouName"].Value. ToString();
            DataRow dr = ds.Tables["StuCou"].NewRow();
            dr["CouNo"] = CouNo;
            dr["CouName"] = CouName;
            ds.Tables["StuCou"].Rows.Add(dr);
        }
        else
        {
            MessageBox.Show("该课程已报名，不要重复！", "选课", MessageBoxButtons.OK,
MessageBoxIcon.Information);
        }
    }
}
```

该方法的思路为：在数据集 ds 的 StuCou 表中搜索 CouNo 并将其作为报名的课程代码，如果没有找到，也就是 adr.Length 为 0，则可以报名，否则给出提示。

（6）现在我们来控制：如果在 dgvSelectCourse 中已有 5 门课程，则不允许添加，并给出提示。改写 SCourse 方法，代码如下。

```
private void SCourse()
{
    if (dgvCourse.CurrentRow != null)
    {
        if (ds.Tables["StuCou"].Rows.Count < 5)
        {
            string CouNo = dgvCourse.CurrentRow.Cells["CouNo"].Value. ToString();
            DataRow[] adr;
            adr = ds.Tables["StuCou"].Select("CouNo='" + CouNo + "'");
            if (adr.Length == 0)
            {
                string CouName = dgvCourse.CurrentRow.Cells["CouName"]. Value.ToString();
                DataRow dr = ds.Tables["StuCou"].NewRow();
                dr["CouNo"] = CouNo;
                dr["CouName"] = CouName;
                ds.Tables["StuCou"].Rows.Add(dr);
            }
            else
            {
                MessageBox.Show("该课程已报名，不要重复！", "选课", MessageBoxButtons.OK,
```

```
MessageBoxIcon.Information);
            }
        }
        else
        {
            MessageBox.Show("已报名课程门数超过 5 门！", "选课", MessageBoxButtons.OK,
MessageBoxIcon.Information);
        }
    }
}
```

该方法会先判断数据集 ds 的 StuCou 表中行的数量是否小于 5，若小于 5，则可以报名，否则给出提示。

（7）如图 5-23 所示，在窗体中添加一个按钮，设置"Text"属性为"提交"。将该按钮的"Name"属性设置为"btnUpdate"。

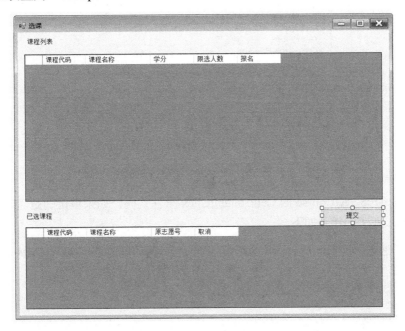

图 5-23　增加"提交"按钮

（8）编写自定义方法 CCourse。

CCourse 方法首先判断 dgvSelectCourse 中当前行是否为空，实际上就是保证必须选中 dgvSelectCourse 的一行。

如果选中了某一行，则先获取选中行的 CouNo，然后根据该课程代码，在数据集 ds 的 StuCou 表中获取该数据行，最后调用 Remove 方法移除该行，完成取消选课功能。

建议：对绑定数据源的 DataGridView 控件操纵数据行，最好对绑定的数据源进行操作，而不要直接对 DataGridView 控件进行操作（如直接对 DataGridView 控件添加一行、删除一行等）。

```
private void CCourse()
{
    if (dgvSelectCourse.CurrentRow != null)
```

```
    {
        int RowIndex = dgvSelectCourse.CurrentRow.Index;
        string CouNo = dgvSelectCourse.CurrentRow.Cells["SelectCouNo"]. Value.ToString();
        DataRow[] adr;
        adr = ds.Tables["StuCou"].Select("CouNo='" + CouNo + "'");
        ds.Tables["StuCou"].Rows.Remove(adr[0]);
    }
}
```

（9）选中 dgvSelectCourse，在其事件列表中找到 CellContentClick 事件并双击，如图 5-24 所示，产生事件框架。

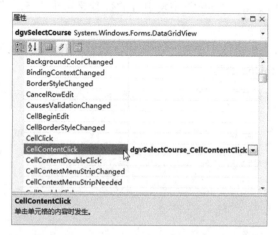

图 5-24　双击 dgvSelectCourse 的 CellContentClick 事件

（10）编写 dgvSelectCourse 的 CellContentClick 事件代码，如果单击的是"Cancel"按钮，则调用 CCourse 方法，代码如下。

```
private void dgvSelectCourse_CellContentClick(object sender, DataGrid ViewCellEventArgs e)
{
    if (dgvSelectCourse.Columns[e.ColumnIndex].Name == "Cancel")
    {
        CCourse();
    }
}
```

下面来完成提交功能。实际上，我们刚才都是对数据集 ds 进行的操作，如果要将这些变化写入数据库，则还需要编写一些代码。这里要完成选课的提交，实际上就是对 StuCou 表进行操作。

（11）双击"提交"按钮，为其编写 Click 事件，代码如下。

```
private void btnUpdate_Click(object sender, EventArgs e)
{
    SqlConnection cn = new SqlConnection(Properties.Settings. Default.XkConnectionString);
    string sql = " DELETE FROM StuCou WHERE StuNo=@StuNo";
    SqlCommand cmd = new SqlCommand(sql, cn);
    cmd.Parameters.Add("StuNo", SqlDbType.NVarChar, 8).Value = CPublic. LoginInfo["StuNo"].
```

```
ToString();
    cn.Open();
    cmd.ExecuteNonQuery();
    cn.Close();
    for (int i = 0; i < dgvSelectCourse.Rows.Count; i++)
    {
        sql = " INSERT StuCou(StuNo,CouNo,WillOrder,State) VALUES(@StuNo, @CouNo,
@WillOrder,@State)";
        cmd = new SqlCommand(sql, cn);
        cmd.Parameters.Add("StuNo", SqlDbType.NVarChar, 8).Value = CPublic. LoginInfo["StuNo"].
ToString();
        cmd.Parameters.Add("CouNo", SqlDbType.NVarChar, 8).Value = dgvSelectCourse.Rows[i].
Cells["SelectCouNo"].Value;
        cmd.Parameters.Add("WillOrder", SqlDbType.SmallInt).Value = i + 1;
        cmd.Parameters.Add("State", SqlDbType.NVarChar, 2).Value = "报名";
        cn.Open();
        cmd.ExecuteNonQuery();
        cn.Close();
    }
    ds.Tables["StuCou"].Clear();
    getStuCou();
}
```

（12）运行程序，可以进行如下测试。

① 在"课程列表"列表框中双击某行，或者在"课程列表"列表框中选中某行后，单击"选课"按钮，"已选课程"列表框中将加入该行。

② 如果该课程代码已经存在，则给出相应提示。

③ 如果已选课程超过5门，则会给出相应提示。

④ 在"已选课程"列表框中双击某行，或者在"已选课程"列表框中选中某行后，单击"取消选课"按钮，"已选课程"列表框中将删除该行。

⑤ 单击"提交"按钮，会将报名结果写入数据库，志愿号按"已选课程"列表框中的顺序排列。

5.1.3 通过 DataGridView 控件拖动行确定选课志愿顺序

（1）设置 dgvSelectCourse 的属性如下。

- AllowDrop：True。
- AllowUserToAddRows：False。
- AllowUserToDeleteRows：False。
- MultiSelect：False。
- ReadOnly：True。
- SelectionMode：FullRowSelect。

（2）设置 dgvCourse 的属性如下。

- AllowUserToAddRows：False。
- AllowUserToDeleteRows：False。

- MultiSelect：False。
- ReadOnly：True。
- SelectionMode：FullRowSelect。

（3）切换到代码窗口，在 SelectCourse 类中声明如下变量。

```
private int indexOfItemUnderMouseToDrag = -1;
// 拖动的目标数据行索引
private int indexOfItemUnderMouseToDrop = -1;
// 拖动中的鼠标指针所在位置的当前行索引
private int indexOfItemUnderMouseOver = -1;
// 不启用拖动的鼠标范围
private Rectangle dragBoxFromMouseDown = Rectangle.Empty;
```

（4）为 dgvSelectCourse 的 MouseDown 事件编写如下代码。

```
private void dgvSelectCourse_MouseDown(object sender, MouseEventArgs e)
{
    // 通过按下鼠标的位置获取所在行的信息
    DataGridView.HitTestInfo hitTest = dgvSelectCourse.HitTest(e.X, e.Y);
    if (hitTest.Type != DataGridViewHitTestType.Cell)
        return;
    // 记下拖动源数据行的索引及以按下鼠标的位置为中心的需要拖动的范围
    indexOfItemUnderMouseToDrag = hitTest.RowIndex;
    if (indexOfItemUnderMouseToDrag > -1)
    {
        Size dragSize = SystemInformation.DragSize;
        dragBoxFromMouseDown = new Rectangle(new Point(e.X - (dragSize.Width / 2), e.Y-
(dragSize.Height / 2)), dragSize);
    }
    else{
        dragBoxFromMouseDown = Rectangle.Empty;
    }
}
```

（5）为 dgvSelectCourse 的 MouseUp 事件编写如下代码。

```
private void dgvSelectCourse_MouseUp(object sender, MouseEventArgs e)
{
    // 释放鼠标按键时重置变量为默认值
    dragBoxFromMouseDown = Rectangle.Empty;
}
```

（6）编写自定义方法 OnRowDragOver，强制行进行重绘，代码如下。

```
private void OnRowDragOver(int rowIndex)
{
    // 如果和上次导致重绘的行是同一行，则无须重绘
    if (indexOfItemUnderMouseOver == rowIndex)
        return;
    int old = indexOfItemUnderMouseOver;
    indexOfItemUnderMouseOver = rowIndex;
```

```
    // 删除原有行的红线
    if (old > -1)
        dgvSelectCourse.InvalidateRow(old);
    // 绘制新行的红线
    if (rowIndex > -1)
        dgvSelectCourse.InvalidateRow(rowIndex);
}
```

（7）在按下鼠标左键时移动鼠标指针，开始拖动，为 dgvSelectCourse 的 MouseMove 事件编写如下代码。

```
private void dgvSelectCourse_MouseMove(object sender, MouseEventArgs e)
{
    // 不是按下鼠标左键时移动鼠标指针
    if ((e.Button & MouseButtons.Left) != MouseButtons.Left)
        return;
    // 可能不需要拖动，如单击的是列标题而不是数据行时
    if (dragBoxFromMouseDown == Rectangle.Empty || dragBoxFromMouseDown. Contains(e.X, e.Y))
        return;
    // 如果源数据行索引值不正确
    if (indexOfItemUnderMouseToDrag < 0)
        return;
    // 开始拖动，第一个参数表示要拖动的数据，可以自定义，一般是源数据行
    DataGridViewRow row = dgvSelectCourse.Rows[indexOfItemUnderMouseToDrag];
    DragDropEffects dropEffect = dgvSelectCourse.DoDragDrop(row, DragDropEffects.All);
    // 拖动结束后，删除拖动位置行的红线效果
    OnRowDragOver(-1);
}
```

（8）在移动鼠标指针过程中拖动数据行时执行重绘，为 dgvSelectCourse 的 DragOver 事件编写如下代码。

```
private void dgvSelectCourse_DragOver(object sender, DragEventArgs e)
{
    // 把屏幕坐标转换为控件坐标
    Point p = dgvSelectCourse.PointToClient(new Point(e.X, e.Y));
    // 通过按下鼠标左键的位置获取所在行的信息
    // 如果位置不是在数据行或源数据行上，则不能作为拖动的目标
    DataGridView.HitTestInfo hitTest = dgvSelectCourse.HitTest(p.X, p.Y);
    if (hitTest.Type != DataGridViewHitTestType.Cell || hitTest.RowIndex ==
indexOfItemUnderMouseToDrag)
    {
        e.Effect = DragDropEffects.None;
        OnRowDragOver(-1);
        return;
    }
    // 设置为拖动的目标
    e.Effect = DragDropEffects.Move;
    // 通知目标行重绘
```

```
        OnRowDragOver(hitTest.RowIndex);
}
```

（9）将鼠标指针移动至目标行释放时，为 dgvSelectCourse 的 DragDrop 事件编写如下代码。

```
private void dgvSelectCourse_DragDrop(object sender, DragEventArgs e)
{
    // 把屏幕坐标转换为控件坐标
    Point p = dgvSelectCourse.PointToClient(new Point(e.X, e.Y));
    // 如果当前位置不是数据行
    // 或者刚好是源数据行的下一行（本示例中假定拖动操作为拖动至目标行的上方）
    // 则不进行任何操作
    DataGridView.HitTestInfo hitTest = dgvSelectCourse.HitTest(p.X, p.Y);
    if (hitTest.Type != DataGridViewHitTestType.Cell || hitTest.RowIndex ==
indexOfItemUnderMouseToDrag + 1)
        return;
    indexOfItemUnderMouseToDrop = hitTest.RowIndex;
    // 执行拖动操作（执行的逻辑按实际需要来确定）
    DataRow tempRow = ds.Tables["StuCou"].NewRow();
    tempRow.ItemArray = ds.Tables["StuCou"].Rows[indexOfItemUnderMouseToDrag].ItemArray;
    ds.Tables["StuCou"].Rows.RemoveAt(indexOfItemUnderMouseToDrag);
    if (indexOfItemUnderMouseToDrag < indexOfItemUnderMouseToDrop)
        indexOfItemUnderMouseToDrop--;
    ds.Tables["StuCou"].Rows.InsertAt(tempRow, indexOfItemUnderMouseToDrop);
}
```

（10）为 dgvSelectCourse 的 RowPostPaint 事件编写代码，完成如下功能。

① 在将鼠标指针移动至行上方时绘制一条红线。

② 在行头显示序号。

```
private void dgvSelectCourse_RowPostPaint(object sender, DataGridViewRow PostPaintEventArgs e)
{
    // 如果当前行是拖动操作的所在行
    if (e.RowIndex == indexOfItemUnderMouseOver)
        e.Graphics.FillRectangle(Brushes.Red, e.RowBounds.X, e.RowBounds.Y, e.RowBounds.Width, 2);
    Rectangle rectangle = new Rectangle(e.RowBounds.Location.X,
        e.RowBounds.Location.Y,
        dgvCourse.RowHeadersWidth - 4,
        e.RowBounds.Height);
    TextRenderer.DrawText(e.Graphics, (e.RowIndex + 1).ToString(),
    dgvCourse.RowHeadersDefaultCellStyle.Font,
    rectangle,
    Color.Red,
    TextFormatFlags.VerticalCenter | TextFormatFlags.Right);
}
```

（11）运行程序，界面如图 5-25 所示。

（12）测试。

① 在"已选课程"列表框中可以看到行头有序号，即提交后报名的志愿号。

② 可以在"已选课程"列表框中拖动行来重新排列顺序。

③ 单击"提交"按钮，会将报名结果写入数据库，志愿号按"已选课程"列表框中的顺序排列。

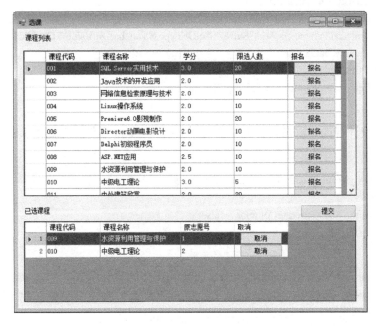

图 5-25　学生选课最终运行界面

任务 5.2　查询报名结果

5.2.1　界面设计

（1）在项目中添加新的 Windows 窗体，并命名为"frmMyResult.cs"。

（2）将窗体调整为合适大小，设置窗体的"Text"属性为"我的报名结果"。

（3）在"工具箱"窗口中展开"数据"选项，将"DataGridView"控件拖放到窗体中，设置其"ReadOnly"属性为"True"，保持其默认的"Name"属性为"dataGridView1"。

5.2.2　相关代码编写

（1）切换到该窗体的代码视图，添加如下代码。

```
using System.Data.SqlClient;
```

（2）在 frmMyResult 类中编写一个 getStuCou 方法，用于查询指定学号（即登录的学号，保存在 CPublic.LoginInfo["StuNo"]中）的报名信息（报名信息保存在 StuCou 表中），因为需要显示课程名称，所以进行多表查询（即与 Course 表的连接），代码如下。

```
private void getStuCou()
{
```

```
SqlConnection cn = new SqlConnection(Properties.Settings.Default. XkConnectionString);
string sql = " SELECT StuCou.*,CouName FROM StuCou,Course";
sql += " WHERE StuNo=@StuNo AND StuCou.COuNo=Course.CouNo";
sql += " ORDER BY WillOrder";
SqlDataAdapter da = new SqlDataAdapter(sql, cn);
da.SelectCommand.Parameters.Add("StuNo", SqlDbType.NVarChar, 8).Value = CPublic.LoginInfo["StuNo"];
DataSet ds = new DataSet();
da.Fill(ds, "StuCou");
dataGridView1.DataSource = ds.Tables["StuCou"];
}
```

（3）切换到设计视图，双击窗体的空白位置，产生 Load 事件框架，为 Load 事件编写如下代码。

```
private void frmMyResult_Load(object sender, EventArgs e)
{
    dataGridView1.AutoGenerateColumns = false;
    getStuCou();
}
```

（4）更改 DataGridView 控件的列标题。切换到窗体的设计界面，单击 dataGridView1 控件右上角的小三角按钮，在弹出的设置面板中选择"编辑列"选项，如图 5-26 所示。

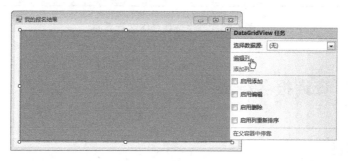

图 5-26　选择"编辑列"选项

（5）在弹出的"编辑列"对话框中单击"添加"按钮，如图 5-27 所示。

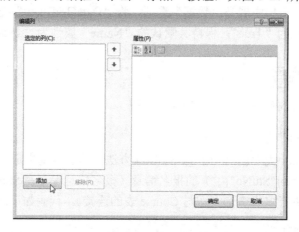

图 5-27　"编辑列"对话框

（6）在打开的"添加列"对话框中设置新列的属性，如图 5-28 所示，单击"添加"按钮。

图 5-28　设置新列的属性

（7）继续设置新列的属性，在"名称"文本框中输入"WillOrder"、"页眉文本"文本框中输入"志愿号"，单击"添加"按钮。

（8）继续设置新列的属性，在"名称"文本框中输入"State"、"页眉文本"文本框中输入"状态"，单击"添加"按钮。

（9）单击"关闭"按钮，关闭"添加列"对话框。

（10）如图 5-29 所示，在"编辑列"对话框中，将"课程名称"列的"DataPropertyName"属性设置为"CouName"。

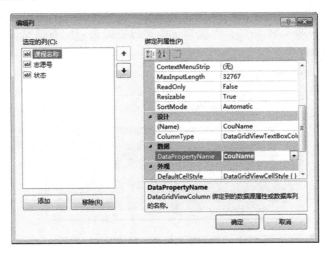

图 5-29　为"课程名称"列设置"DataPropertyName"属性

说明：非类型化数据集不可以从下拉列表中选择，必须手动输入。

（11）类似地，将"志愿号"列的"DataPropertyName"属性设置为"WillOrder"、"状态"列的"DataPropertyName"属性设置为"State"。

（12）在"解决方案资源管理器"窗口中双击"frmMain.cs"选项，打开该窗体的设计界面，如图 5-30 所示，在 frmMain 窗体的"学生选课"菜单下添加"我的报名结果"命令。

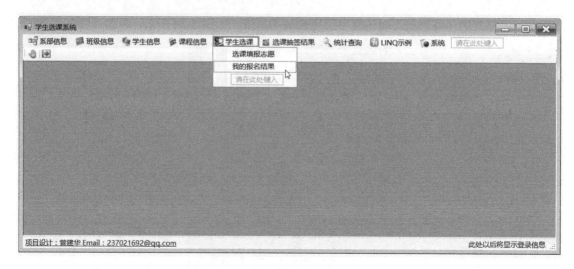

图 5-30　添加"我的报名结果"命令

（13）添加调用该命令的代码。双击"我的报名结果"命令，为其编写 Click 事件，代码如下。

```
private void 我的报名结果 ToolStripMenuItem_Click(object sender, EventArgs e)
{
    frmMyResult f = new frmMyResult();
    f.MdiParent = this;
    f.Show();
}
```

（14）以学生身份登录系统，在"我的报名结果"窗体中选择"学生选课"→"我的报名结果"命令，运行效果如图 5-31 所示。在该窗体中可以查看自己所有报名的课程，从"状态"列中可以看到是否被选中。

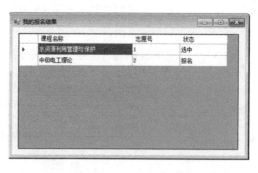

图 5-31　"我的报名结果"窗体的运行效果

实　　训

1．自行设计界面，完成用户挑选商品购物的操作。编者设计的挑选商品购物界面如图 5-S-1 所示。本实训简化了真实的购物流程，有兴趣的读者可以参考基于该数据库的网上购物系统[参见《Visual Studio 2010（C#）Web 数据库项目开发》（电子工业出版社，曾建华）]，了解更真实的购物情形。

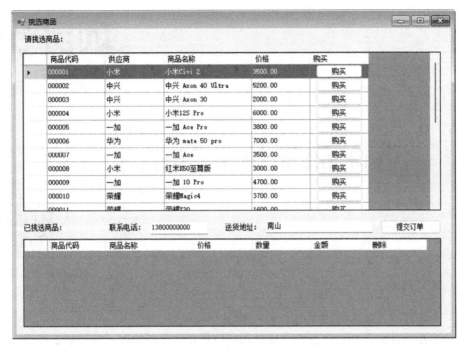

图 5-S-1　挑选商品购物界面

2．测试：例如，用户名为 **zjh** 的用户登录系统后，挑选了几种手机商品（假设购买一部商品 ID 为 000002 的手机和一部商品 ID 为 000006 的手机），则在后台数据库中应该有类似于图 5-S-2 和图 5-S-3 所示的数据。

	OrderID	UserID	Tel	Address	OrderDate
	cda9db1c-85c2-4216-b241-06636a6ae22e	zjh	13800000000	南山	2013-09-24 21:44:26.997
▶*	NULL	NULL	NULL	NULL	NULL

图 5-S-2　向 Orders 表中添加 1 条记录

	OrderItemID	OrderID	MobileID	Amount	Price
	0F273240-A481-4335-B5F4-9CE8B032036F	cda9db1c-85c2-4216-b241-06636a6ae22e	000002	1	5000.00
▶	B11DB83C-8837-4F65-B2E2-47B818969729	cda9db1c-85c2-4216-b241-06636a6ae22e	000006	1	3000.00
*	NULL	NULL	NULL	NULL	NULL

图 5-S-3　向 OrderItems 表中添加 2 条记录

项目6

选课抽签及抽签结果查询

选课抽签及抽签结果查询

学习目标

掌握调用存储过程的方式实现业务的逻辑。

培养一丝不苟的工作态度、精益求精的产品质量和持之以恒的职业精神。

注意：本项目及以后项目将以管理员身份登录系统并进行测试。

任务 6.1　随机抽签产生选课结果

　　Xk 数据库中有两个存储过程，存储过程中编写了抽签的算法。本节我们将学习如何通过调用存储过程的方式实现业务逻辑。

6.1.1　设计存储过程

　　（1）在 Windows 操作系统中，选择"开始"→"所有程序"→"Microsoft SQL Server"→"SQL Server Management Studio"命令，启动 SQL Server Management Studio。

　　（2）弹出"连接到服务器"对话框，如图 6-1 所示。在"服务器类型"下拉列表中选择"数据库引擎"选项，在"服务器名称"文本框中输入".\SQLEXPRESS"，在"身份验证"下拉列表中选择"Windows 身份验证"选项，并单击"连接"按钮。

　　（3）如图 6-2 所示，在 SQL Server Management Studio 的"对象资源管理器"窗口中展开"数据库"→"Xk"→"可编程性"→"存储过程"选项。可以看到两个存储过程，分别为"dbo.DrawLots"和"dbo. ExecuteDrawLots"。

　　（4）右击"dbo. DrawLots"选项，在弹出的快捷菜单中选择"修改"命令来查看 dbo.DrawLots 存储过程。

图 6-1　"连接到服务器"对话框

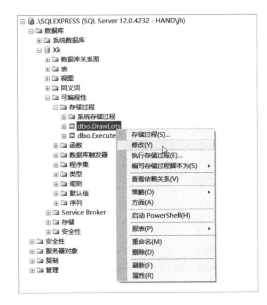

图 6-2　查看 dbo.DrawLots 存储过程

该存储过程的代码如下，其具体含义请查看代码注释。

```
USE [Xk]
GO
/****** Object:   StoredProcedure [dbo].[DrawLots]        Script Date: 09/06/2011 14:09:48 ******/
SET ANSI_NULLS ON
GO
SET QUOTED_IDENTIFIER ON
GO
ALTER PROCEDURE [dbo].[DrawLots]
--定义抽第几志愿
@WillOrder INT
AS
DECLARE @StuNo nvarchar(3),@CouNo nvarchar(3),@LimitNum INT,@ChooseNum INT,@WillNum INT,@I INT
--定义游标，针对每一门课程抽取学生名单
```

```
DECLARE cCourse CURSOR FOR
    SELECT
C.CouNo,LimitNum,WillNum=COALESCE(WillNum,0),ChooseNum=COALESCE(ChooseNum,0)
    FROM Course C LEFT JOIN
    (SELECT CouNo,WIllNum=COUNT(*) FROM StuCou GROUP BY COuNo) T1 ON
C.CouNo=T1.CouNo
    LEFT JOIN
    (SELECT CouNo,ChooseNum=COUNT(*) FROM StuCou WHERE    State='选中' GROUP BY
COuNo) T2 ON C.CouNo=T2.CouNo
    ORDER BY CouNo

--打开游标
OPEN cCourse
--循环读取游标（循环 Course 表）
FETCH NEXT FROM cCourse INTO @CouNo,@LimitNum,@WillNum,@ChooseNum
WHILE @@FETCH_STATUS=0
BEGIN
    --有足够名额时选中所有学生（如果该学生还没有报名成功）
    IF @LimitNum-@ChooseNum>=@WillNum
        UPDATE StuCou SET State='选中'
        WHERE WillOrder=@WillOrder AND CouNo=@CouNo AND StuNo NOT IN (SELECT StuNo
FROM StuCou WHERE    State='选中')
    ELSE
    --若没有足够名额，则分配剩余名额
    BEGIN
        --待选学生名单
        DECLARE cStuCou CURSOR FOR
            SELECT StuNo FROM StuCou
            WHERE WillOrder=@WillOrder AND CouNo=@CouNo AND StuNo NOT IN (SELECT StuNo
FROM StuCou WHERE    State='选中')
            ORDER BY RandomNum
        OPEN cStuCou
        FETCH NEXT FROM cStuCou INTO @StuNo
        --设置循环变量@I，当小于剩余名额时（@I<=@LimitNum-@ChooseNum）继续分配
        SET @I=1
        WHILE @@FETCH_STATUS = 0 AND @I<=@LimitNum-@ChooseNum
        BEGIN
            UPDATE StuCou SET State='选中' WHERE CURRENT OF cStuCou
            SET @I=@I+1
            FETCH NEXT FROM cStuCou INTO @CouNo
        END
        CLOSE cStuCou
        DEALLOCATE cStuCou
    END
    FETCH NEXT FROM cCourse INTO @CouNo,@LimitNum,@WillNum,@ChooseNum
END
CLOSE cCourse
DEALLOCATE cCourse
```

（5）类似地，读者可以自行查看 dbo.ExecuteDrawLots 存储过程。该存储过程分 5 次调用 dbo.DrawLots 存储过程，参数分别为 1、2、3、4、5，分别表示对第 1、2、3、4、5 志愿抽签，其代码如下。

```
USE [Xk]
GO
/****** Object:   StoredProcedure [dbo].[ExecuteDrawLots]        Script Date: 09/06/2011 14:12:29 ******/
SET ANSI_NULLS ON
GO
SET QUOTED_IDENTIFIER ON
GO
ALTER PROCEDURE [dbo].[ExecuteDrawLots]
AS
--对选课表的待抽名单赋随机值，抽签前全部重置为报名状态
UPDATE StuCou SET RandomNum=NEWID(),State='报名'
--抽第 1 志愿
EXEC DrawLots 1
--抽第 2 志愿
EXEC DrawLots 2
--抽第 3 志愿
EXEC DrawLots 3
--抽第 4 志愿
EXEC DrawLots 4
--抽第 5 志愿
EXEC DrawLots 5
```

6.1.2　调用存储过程

（1）在"解决方案资源管理器"窗口中双击"frmMain.cs"选项，打开该窗体的设计界面。如图 6-3 所示，在 frmMain 窗体的"选课抽签结果"菜单下添加"随机抽签"命令。

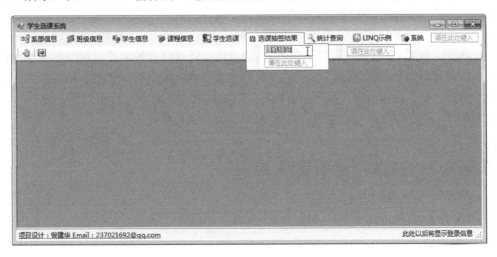

图 6-3　添加"随机抽签"命令

（2）切换到代码界面，添加如下代码。

```
using System.Data.SqlClient;
```

（3）切换到设计界面，双击"随机抽签"命令，为其编写 Click 事件，代码如下。

```
private void 随机抽签 ToolStripMenuItem_Click(object sender, EventArgs e)
{
    if (MessageBox.Show("确实要抽签吗，将清除上次抽签结果?", "确认",
MessageBoxButtons.YesNo, MessageBoxIcon.Question) == DialogResult.Yes)
    {
        SqlConnection cn = new SqlConnection(Properties.Settings.Default. XkConnectionString);
        SqlCommand cmd = new SqlCommand("EXEC ExecuteDrawLots", cn);
        try
        {
            cn.Open();
            cmd.ExecuteNonQuery();
            MessageBox.Show("执行成功！", "信息", MessageBoxButtons.OK,
MessageBoxIcon.Information);
        }
        catch
        {
            MessageBox.Show("执行失败！", "信息", MessageBoxButtons.OK,
MessageBoxIcon.Error);
        }
        finally
        {
            cn.Close();
        }
    }
}
```

上述代码首先向用户确认是否抽签。既然是抽签，那么每次的结果可能都不一样。如果已经抽过签，则再次抽签会导致上次的结果被覆盖。

如果用户确认抽签，则这里会调用并执行 dbo.ExecuteDrawLots 存储过程。

由此得知，我们可以将业务逻辑写在后台数据库中，这样前端的开发将变得非常简单。

（4）以管理员身份登录系统。登录后，选择"选课抽签结果"→"随机抽签"命令。

（5）单击"是"按钮，确认执行抽签操作。这里从界面上看不出什么效果，读者可以配合任务 6.2 的执行结果来查看本功能的执行情况。

任务 6.2　按课程查看选课结果

抽签结束后，教师可以根据自己所授课程来查询该门课程最终的上课学生名单，下面设计此功能。

6.2.1　界面设计

（1）在项目中添加新的 Windows 窗体，并命名为"frmChooseCourseResult.cs"。

（2）将窗体调整为合适大小，设置窗体的"Text"属性为"按课程查看选课结果"。

（3）在"工具箱"窗口中展开"公共控件"选项，将"ComboBox"控件拖放到窗体中。设置 ComboBox 控件的"Name"属性为"cbCourse"、"DropDownStyle"属性为"DropDownList"。

（4）在"工具箱"窗口中展开"数据"选项，将"DataGridView"控件拖放到窗体中。设置 DataGridView 控件的"ReadOnly"属性为"True"、"AllowUserToAddRows"属性为"False"、"AllowUserToDeleteRows"属性为"False"，保持其默认的"Name"属性为"dataGridView1"。

（5）设计 dataGridView1 中各列的属性，界面如图 6-4 所示。

① 将"班级"列的"Name"和"DataPropertyName"属性都设置为"ClassName"、"HeaderText"属性设置为"班级"。

② 将"学号"列的"Name"和"DataPropertyName"属性都设置为"StuNo"、"HeaderText"属性设置为"学号"。

③ 将"姓名"列的"Name"和"DataPropertyName"属性都设置为"StuName"、"HeaderText"属性设置为"姓名"。

④ 将"性别"列的"Name"和"DataPropertyName"属性都设置为"Sex"、"HeaderText"属性设置为"性别"。

⑤ 将"出生日期"列的"Name"和"DataPropertyName"属性都设置为"BirthDay"、"HeaderText"属性设置为"出生日期"。

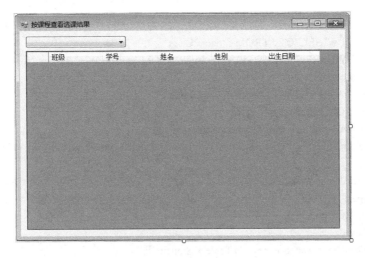

图 6-4　"按课程查看选课结果"界面

6.2.2　相关代码编写

（1）切换到该窗体的代码视图，添加如下代码。

```
using System.Data.SqlClient;
```

（2）下拉列表 cbCourse 是用来选择课程的。为该窗体编写一个自定义方法 getCourse，该方法的代码如下。

```
private void getCourse()
{
    SqlConnection cn = new SqlConnection(Properties.Settings.Default. XkConnectionString);
    // 本 SQL 语句是为了在所有课程前加上一个"请选择课程"选项，这样做是为了使界面更友好
    string sql = " SELECT CouNo=",CouName='请选择课程'";
    sql += " UNION SELECT CouNo,CouName FROM Course";
    sql += " ORDER BY CouNo";
    SqlDataAdapter da = new SqlDataAdapter(sql, cn);
    DataSet ds = new DataSet();
    cn.Open();
    da.Fill(ds, "Course");
    cn.Close();
    cbCourse.ValueMember = "CouNo";
    cbCourse.DisplayMember = "CouName";
    cbCourse.DataSource = ds.Tables["Course"];
}
```

（3）dataGridView1 用于显示下拉列表中选定课程的学生名单。为该窗体再编写一个自定义方法 getStudent，该方法的代码如下。

```
private void getStudent()
{
    if (cbCourse.SelectedIndex > 0)
    {
        SqlConnection cn = new SqlConnection(Properties.Settings.Default. XkConnectionString);
        string sql = " SELECT * FROM Student,Class";
        sql +=" WHERE StuNo IN(SELECT StuNo FROM StuCou WHERE CouNo=@CouNo AND State='选中')";
        sql += " AND Student.CLassNo=Class.ClassNo";
        sql += " ORDER BY StuNo";
        SqlDataAdapter da = new SqlDataAdapter(sql, cn);
        da.SelectCommand.Parameters.Add("CouNo",  SqlDbType.NVarChar,  8).Value  =  cbCourse.SelectedValue;
        DataSet ds = new DataSet();
        cn.Open();
        da.Fill(ds, "Student");
        cn.Close();
        dataGridView1.DataSource = ds.Tables["Student"];
    }
    else
        dataGridView1.DataSource = null;
}
```

（4）为了使窗体启动时下拉列表和 DataGridView 控件中有正确的数据，可以切换到窗体的设计界面，双击窗体的空白位置，产生 Load 事件框架，并编写 Load 事件代码如下。

```
private void frmChooseCourseResult_Load(object sender, EventArgs e)
```

```
{
    dataGridView1.AutoGenerateColumns = false;
    getCourse();
}
```

（5）为了在下拉列表发生变化时能够正确地获得该门课程的学生名单，可以切换到窗体的设计界面，双击 cbCourse，产生 SelectedIndexChanged 事件框架，为 SelectedIndexChanged 事件编写代码如下。

```
private void cbCourse_SelectedIndexChanged(object sender, EventArgs e)
{
    getStudent();
}
```

（6）在"解决方案资源管理器"窗口中双击"frmMain.cs"选项，打开该窗体的设计界面。如图 6-5 所示，在 frmMain 窗体的"选课抽签结果"菜单下添加"按课程查看抽签结果"命令。

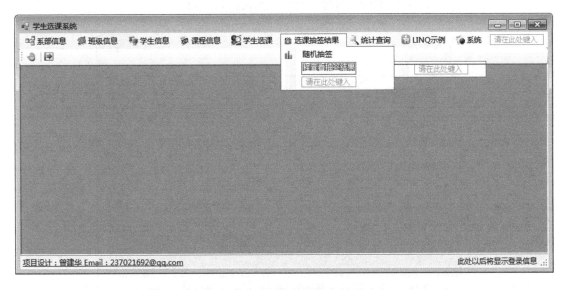

图 6-5 添加"按课程查看抽签结果"命令

（7）添加调用该命令的代码。双击"按课程查看抽签结果"命令，为其编写 Click 事件，代码如下。

```
private void 按课程查看抽签结果 ToolStripMenuItem_Click(object sender, EventArgs e)
{
    frmChooseCourseResult f = new frmChooseCourseResult();
    f.MdiParent = this;
    f.Show();
}
```

（8）在主窗体中选择"选课抽签结果"→"按课程查看抽签结果"命令，运行效果如图 6-6 所示，未选择具体课程时没有学生名单。

（9）在下拉列表中选择一门课程，如"ASP.NET 应用"，运行效果如图 6-7 所示，图中显示的是报名"ASP.NET 应用"课程且被抽中的学生名单。

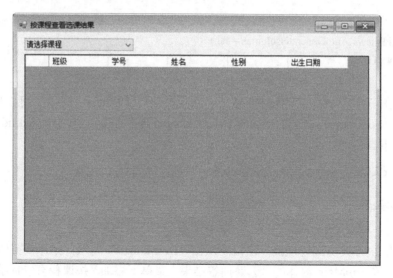

图 6-6 未选择具体课程时没有学生名单

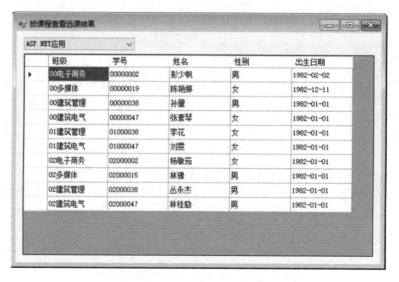

图 6-7 选择"ASP.NET 应用"课程时的学生名单

1．理解 eShop 数据库中的 XsByMobileID 存储过程：该存储过程能够根据指定的手机商品 ID 统计该商品的总销售数量和销售金额。XsByMobileID 存储过程的代码如下。

```
ALTER PROCEDURE XsByMobileID
@MobileID NVARCHAR(6)
AS
SELECT OrderItems.MobileID,MobileName,Amount=SUM(Amount),Je=SUM(Amount*OrderItems.Price)
FROM Orders,OrderItems,Mobiles
WHERE Orders.OrderID=OrderItems.OrderID AND OrderItems.MobileID=Mobiles. MobileID AND OrderItems.
```

MobileID=@MobileID
　　GROUP BY OrderItems.MobileID,MobileName

2．编写窗体，完成如下功能：用户输入商品代码，并单击"按文本框查询"按钮，将调用 XsByMobileID 存储过程来统计该商品的销售数量和销售金额。效果如图 6-S-1 所示。

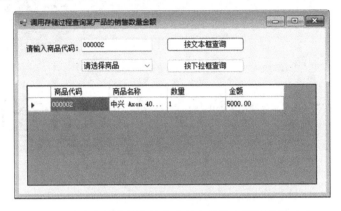

图 6-S-1　查询某商品的销售数量和销售金额的效果（1）

3．改进上题：用户可以从下拉列表中选择商品，当选择某商品后，将调用 XsByMobileID 存储过程来统计该商品的销售数量和销售金额（注意：由于示例数据较少，请读者选择有销售记录的商品进行测试）。效果如图 6-S-2 所示。

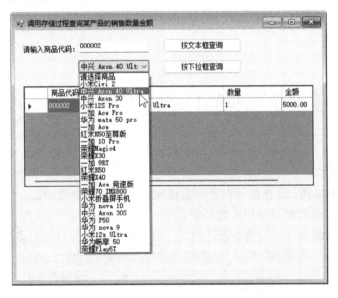

图 6-S-2　查询某商品的销售数量和销售金额的效果（2）

项目7

统计查询

统计查询

学习目标

熟练使用 SQL 语句。

能够编写代码并对 DataSet 进行细节控制。

培养团队合作、协同工作的能力。

任务 7.1 按班级性别统计学生人数

7.1.1 界面设计

（1）先看运行效果图，这样就可以非常直观地知道我们需要做什么。当然，在实际开发中，我们需要根据用户的需求来设计相应的功能。

从图 7-1 中可以看到，我们需要统计的是各班的男生、女生分别有多少人。

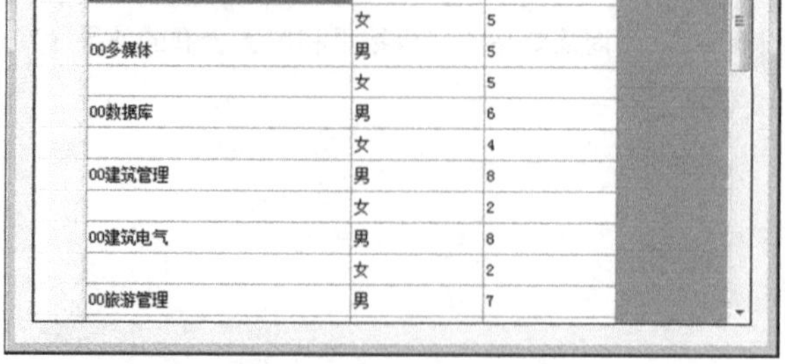

班级名称	性别	人数
00电子商务	男	5
	女	5
00多媒体	男	5
	女	5
00数据库	男	6
	女	4
00建筑管理	男	8
	女	2
00建筑电气	男	8
	女	2
00旅游管理	男	7

图 7-1 按班级性别统计学生人数的运行效果

（2）在项目中添加新的 Windows 窗体，并命名为"frmStudentNumGroupByClassSex.cs"。

（3）将窗体调整为合适大小，设置窗体的"Text"属性为"各班男女人数统计"。

（4）在"工具箱"窗口中展开"数据"选项，将"DataGridView"控件拖放到窗体中。保持 DataGridView 控件的默认"Name"属性为"dataGridView1"，设置其他属性如下。

- ReadOnly：True。
- AllowUserToAddRowsy：False。
- AllowUserToDeleteRowsy：False。

（5）设计 dataGridView1 中各列的属性，界面如图 7-2 所示。

① 将"班级名称"列的"Name"和"DataPropertyName"属性都设置为"ClassName"、"HeaderText"属性设置为"班级名称"。

② 将"性别"列的"Name"和"DataPropertyName"属性都设置为"Sex"、"HeaderText"属性设置为"性别"。

③ 将"人数"列的"Name"和"DataPropertyName"属性都设置为"StudentNum"、"HeaderText"属性设置为"人数"。

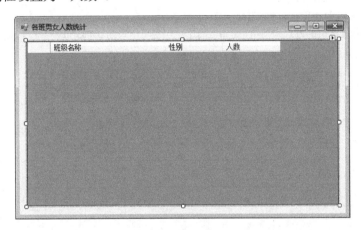

图 7-2　"各班男女人数统计"界面

7.1.2　相关代码编写

（1）切换到该窗体的代码视图，添加如下代码。

```
using System.Data.SqlClient;
```

（2）在 frmStudentNumGroupByClassSex 类中声明如下变量。

```
DataSet ds;
```

（3）切换到窗体的设计界面，在窗体的空白位置双击，产生 Load 事件框架，并编写 Load 事件代码如下。

```
private void frmStudentNumGroupByClassSex_Load(object sender, EventArgs e)
{
    // 声明 SQL 连接对象，连接字符串从属性设置中获取
    SqlConnection cn = new SqlConnection(Properties.Settings.Default. XkConnectionString);
```

```
// 编写完成该统计的 SQL 语句
string sql = " SELECT ClassName,Sex,StudentNum=COUNT(*) FROM Student S,Class C ";
sql += " WHERE S.ClassNo=C.ClassNo";
sql += " GROUP BY C.ClassNo,ClassName,Sex";
sql += " ORDER BY C.ClassNo,Sex";
// 声明数据适配器
SqlDataAdapter da = new SqlDataAdapter(sql, cn);
// 声明数据集，用于存放查询结果
ds = new DataSet();
// 打开连接
cn.Open();
// 使用数据适配器的 Fill 方法将 SelectCommand 语句的执行结果放入数据集 ds
// DataTable 命名为 "StudentNum"
da.Fill(ds, "StudentNumBySex");  // 也可以通过索引的方式来使用，比如这里也可以这样写
// 关闭连接
cn.Close();
// 为 DataGridView 指定数据源
dataGridView1.DataSource = ds.Tables["StudentNumBySex"];
// 也可以通过索引的方式来使用，比如上面这一句也可以写为 dataGridView1.DataSource = ds.Tables[0];
}
```

（4）在"解决方案资源管理器"窗口中双击"frmMain.cs"选项，打开该窗体的设计界面。如图 7-3 所示，在 frmMain 窗体的"统计查询"菜单下添加"按班级性别统计学生人数"命令。

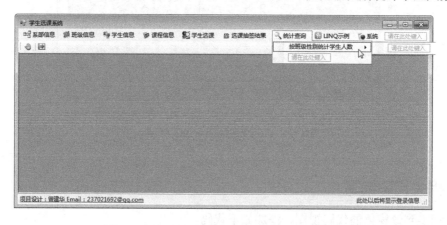

图 7-3　添加"按班级性别统计学生人数"命令

（5）添加调用该命令的代码。双击"按班级性别统计学生人数"命令，为其编写 Click 事件，代码如下。

```
private void 按班级性别统计学生人数 ToolStripMenuItem_Click(object sender, EventArgs e)
{
    frmStudentNumGroupByClassSex f = new frmStudentNumGroupByClassSex();
    f.MdiParent = this;
    f.Show();
}
```

（6）运行程序，在主窗体中选择"统计查询"→"按班级性别统计学生人数"命令，目前

的运行效果如图 7-4 所示。

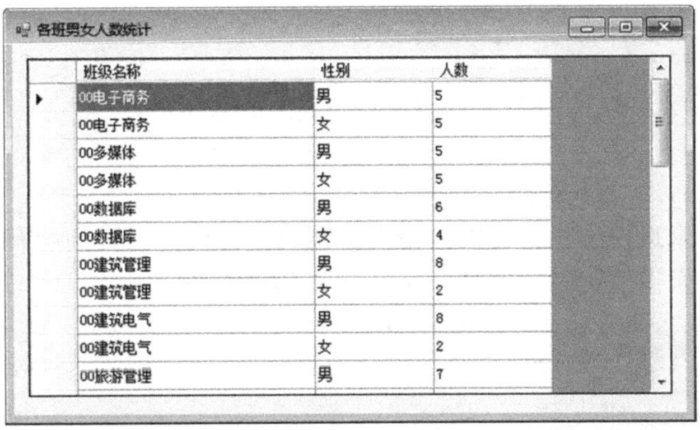

图 7-4　按班级性别统计学生人数目前的运行效果

从图 7-4 中可以看出，每个班级名称会重复显示，看上去并不直观，因此我们希望重复的班级名称不要显示出来。

（7）切换到该窗体的代码界面，在刚才的窗体 Load 事件代码后添加如下代码。

```
// 对表循环检测 ClassName 值是否和上一个 ClassName 值相同，如果相同，则置为空
string ClassName = "";
for (int i = 0; i < ds.Tables[0].Rows.Count; i++)
{
    if (ds.Tables[0].Rows[i]["ClassName"].ToString() == ClassName)
    {
        ds.Tables[0].Rows[i]["ClassName"] = "";
    }
    else
    {
        ClassName = ds.Tables[0].Rows[i]["ClassName"].ToString();
    }
}
```

（8）运行程序，在主窗体中选择"统计查询"→"按班级性别统计学生人数"命令，最终的运行效果如图 7-5 所示（由于是随机抽签结果，因此读者看到的数据应该会不一样）。

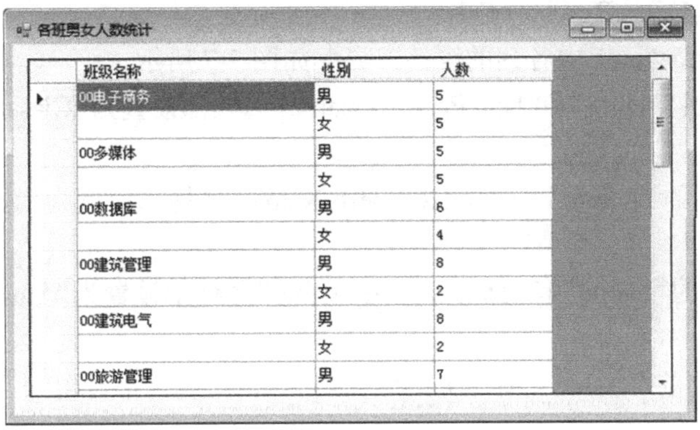

图 7-5　按班级性别统计学生人数最终的运行效果

任务 7.2　未选课学生统计

7.2.1　界面设计

该界面用于统计未选课学生，可以按指定班级查询，也可以查询所有未选课学生。这样就可以及时地通知这些学生抓紧时间选课。运行效果如图 7-6 所示。

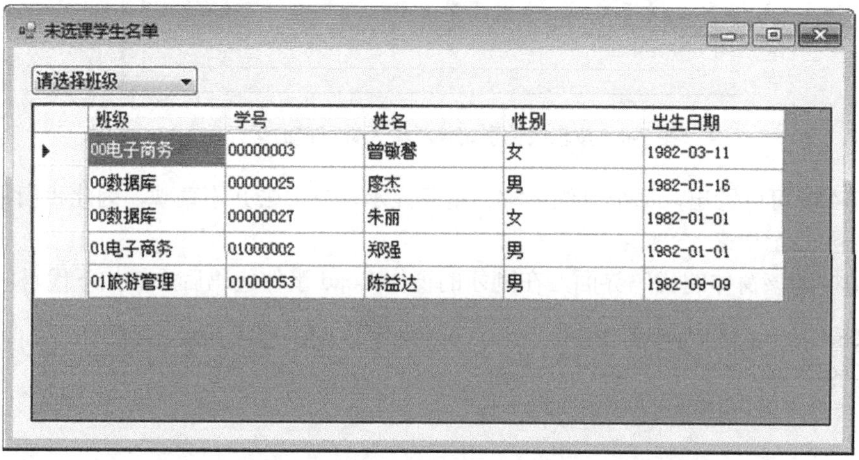

图 7-6　统计未选课学生的运行效果

（1）在项目中添加新的 Windows 窗体，并命名为"frmStudentNotSelectCourse.cs"。

（2）将窗体调整为合适大小，设置窗体的"Text"属性为"未选课学生名单"。

（3）在"工具箱"窗口中展开"公共控件"选项，将"ComboBox"控件拖放到窗体中。设置 ComboBox 控件的"Name"属性为"cbClass"、"DropDownStyle"属性为"DropDownList"。

（4）在"工具箱"窗口中展开"数据"选项，将"DataGridView"控件拖放到窗体中。保持 DataGridView 控件的默认"Name"属性为"dataGridView1"，设置其他属性如下。

- ReadOnly：True。
- AllowUserToAddRowsy：False。
- AllowUserToDeleteRowsy：False。

（5）设计 dataGridView1 中各列的属性，界面如图 7-7 所示。

① 将"班级"列的"Name"和"DataPropertyName"属性都设置为"ClassName"、"HeaderText"属性设置为"班级"。

② 将"学号"列的"Name"和"DataPropertyName"属性都设置为"StuNo"、"HeaderText"属性设置为"学号"。

③ 将"姓名"列的"Name"和"DataPropertyName"属性都设置为"StuName"、"HeaderText"属性设置为"姓名"。

④ 将"性别"列的"Name"和"DataPropertyName"属性都设置为"Sex"、"HeaderText"属性设置为"性别"。

⑤ 将"出生日期"列的"Name"和"DataPropertyName"属性都设置为"BirthDay"、

"HeaderText"属性设置为"出生日期"。

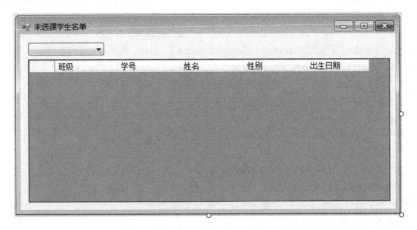

图 7-7 "未选课学生名单"界面

7.2.2 相关代码编写

（1）切换到该窗体的代码视图，添加如下代码。

```
using System.Data.SqlClient;
```

（2）下拉列表 cbClass 是用来选择班级的。为该窗体编写一个自定义方法 getClass，该方法的代码如下。

```
private void getClass()
{
    SqlConnection cn = new SqlConnection(Properties.Settings.Default. XkConnectionString);

    // 本 SQL 语句是为了在所有班级前加上一个"请选择班级"选项，这样做的目的如下
    // 1.使界面更友好
    // 2.当用户在"请选择班级"下拉列表中选择时，可以看到所有班级未选课学生的名单
    string sql = " SELECT CLassNo=",ClassName='请选择班级'";

    sql += " UNION SELECT ClassNo,ClassName FROM Class";
    sql += " ORDER BY ClassNo";
    SqlDataAdapter da = new SqlDataAdapter(sql, cn);
    DataSet ds = new DataSet();
    cn.Open();
    da.Fill(ds, "Class");
    cn.Close();
    cbClass.ValueMember = "ClassNo";
    cbClass.DisplayMember = "ClassName";
    cbClass.DataSource = ds.Tables["Class"];
}
```

（3）dataGridView1 是用于显示未选课学生的名单的。为该窗体再编写一个自定义方法 getStudent，该方法的代码如下。

```
private void getStudent()
{
    SqlConnection cn = new SqlConnection(Properties.Settings.Default. XkConnectionString);
    string sql = " SELECT S.*,CLassName FROM Student S,Class C ";
    sql += " WHERE S.ClassNo=C.ClassNo";
    sql += " AND StuNo NOT IN (SELECT StuNo FROM StuCou)";
    // 如果选择了具体的班级，则需要该条件
    if (cbClass.SelectedIndex > 0)
        sql += " AND S.ClassNo = @ClassNo";
    sql += " ORDER BY StuNo";
    SqlDataAdapter da = new SqlDataAdapter(sql, cn);
    DataSet ds = new DataSet();
    // 如果选择了具体的班级，则需要为 ClassNo 参数提供值
    if (cbClass.SelectedIndex > 0)
        da.SelectCommand.Parameters.Add("ClassNo", SqlDbType.NVarChar, 8).Value = cbClass.SelectedValue;
    cn.Open();
    da.Fill(ds, "Student");
    cn.Close();
    dataGridView1.DataSource = ds.Tables["Student"];
}
```

（4）为了使窗体启动时下拉列表和 DataGridView 控件中有正确的数据，可以切换到窗体的设计界面，在窗体的空白位置双击，产生 Load 事件框架，并编写 Load 事件代码如下。

```
private void frmStudentNotSelectCourse_Load(object sender, EventArgs e)
{
    dataGridView1.AutoGenerateColumns = false;
    getClass();
    getStudent();
}
```

（5）为了在下拉列表发生变化时能够得到正确的统计结果，可以切换到窗体的设计界面，双击 cbClass，产生 SelectedIndexChanged 事件框架，为 SelectedIndexChanged 事件编写如下代码。

```
private void cbClass_SelectedIndexChanged(object sender, EventArgs e)
{
    getStudent();
}
```

（6）在"解决方案资源管理器"窗口中双击"frmMain.cs"选项，打开该窗体的设计界面。如图7-8所示，在 frmMain 窗体的"统计查询"菜单下添加"未选课学生名单"命令。

（7）添加调用该命令的代码。双击"未选课学生名单"命令，为其编写 Click 事件，代码如下。

```
private void 未选课学生名单 ToolStripMenuItem_Click(object sender, EventArgs e)
{
    frmStudentNotSelectCourse f = new frmStudentNotSelectCourse();
    f.MdiParent = this;
```

```
    f.Show();
}
```

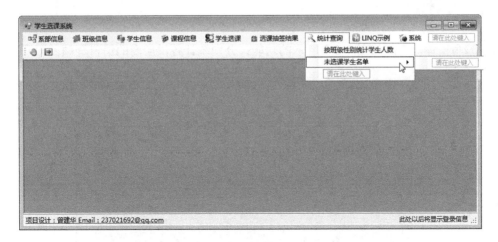

图 7-8 添加"未选课学生名单"命令

（8）在主窗体中选择"统计查询"→"未选课学生名单"命令，运行效果如图 7-9 所示。

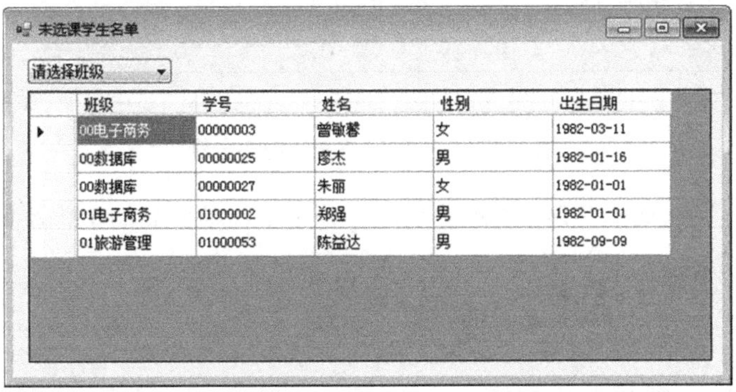

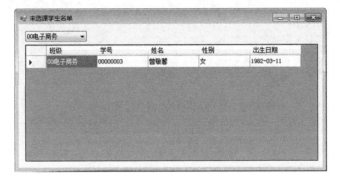

图 7-9 显示所有班级的未选课学生名单

当下拉列表中的内容为"请选择班级"时，看到的是所有班级的未选课学生名单。

（9）在下拉列表中选择"00 电子商务"选项，运行效果如图 7-10 所示，现在显示的是"00 电子商务"班的未选课学生名单。

图 7-10 显示指定班级的未选课学生名单

1. 编写窗体，完成如图 7-S-1 所示的功能：分别统计各供应商的销售金额。

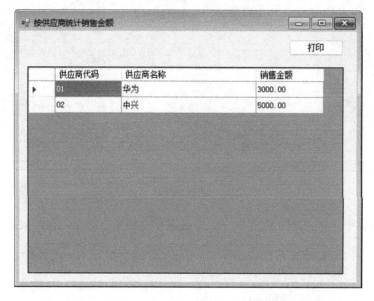

图 7-S-1　按供应商统计销售金额

2. 编写窗体，完成如图 7-S-2 所示的功能：分别统计各商品的销售数量和销售金额。

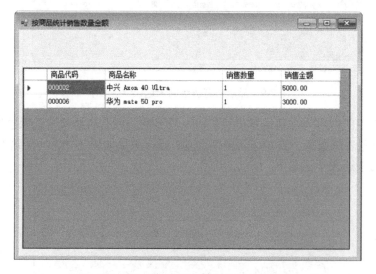

图 7-S-2　按商品统计销售数量和销售金额

项目 8

RDLC 报表

RDLC 报表

学习目标

掌握 RDLC 报表设计的步骤。

熟悉 RDLC 报表中的常用控件。

熟练设计报表。

掌握如何预览报表。

培养执着专注、精益求精、一丝不苟、追求卓越的工作态度。

RDL 是 Report Definition Language（报表定义语言）的缩写。微软后来又提出了 RDLC，即在 RDL 的基础上添加 C，C 代表 Client-side processing。这是微软基于 RDL 在.NET 上继续完善的结果，凸显了 RDLC 的客户端处理能力。

8.1 打印来自原始表的数据

本节将在"系部信息"窗体上加入打印功能。系部信息的数据来自 Department 表，Department 表是数据库中原有的表。通过该功能，我们将学习如何打印来自原始表的数据。

8.1.1 创建报表

（1）安装 RDLC 扩展。如图 8-1 所示，在 Visual Studio 主菜单中选择"扩展"→"管理扩展"命令。

（2）如图 8-2 所示，在弹出的"管理扩展"对话框左侧选择"联机"选项，在右上角的文本框中输入"rdlc"，在搜索结果中选择"Microsoft RDLC Report Designer"选项，注意鼠标指针的位置，单击"下载"按钮。

【特别提示】截至编者完成本书的撰稿时，Visual Studio 2022 Marketplace 暂未提供 RDLC 扩展下载。

图 8-1　选择"管理扩展"命令

图 8-2　下载 RDLC 扩展

（3）如图 8-3 所示，下载完成后，根据提示单击"关闭"按钮关闭对话框，并关闭 Visual Studio。

图 8-3　关闭对话框和 Visual Studio

（4）如图 8-4 所示，单击"Modify"按钮安装扩展。

图 8-4　安装扩展

（5）如图 8-5 所示，单击"Close"按钮完成扩展安装。

图 8-5　完成扩展安装

（6）启动 Visual Studio，打开前面完成的项目，在"解决方案资源管理器"窗口中双击"dsXk"选项，可以看到打印需要的 Department 表。设计报表通常需要事先准备一个数据集来为报表提供设计支持。

（7）如图 8-6 所示，在"解决方案资源管理器"窗口中右击"Xk"选项，在弹出的快捷菜单中选择"添加"→"新建项"命令。

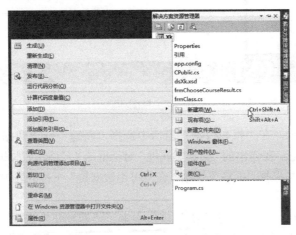

图 8-6　选择"新建项"命令

（8）弹出如图 8-7 所示的对话框，在该对话框中部选择"报表"选项，在"名称"文本框中输入"rptDepartment.rdlc"，并单击"添加"按钮。

图 8-7　"添加新项"对话框

（9）打开视图环境，如图 8-8 所示。注意鼠标指针的位置，可在此选择"报表数据""工具箱"等视图窗口。

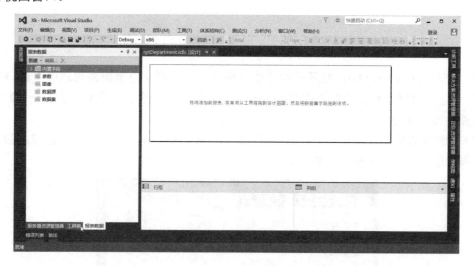

图 8-8　视图环境

（10）如图 8-9 所示，在"报表数据"窗口中选择"新建"→"数据集"命令。

（11）如图 8-10 所示，在弹出的"数据集属性"对话框的"名称"文本框中输入"Department"，在"数据源"下拉列表中选择"dsXk"选项，在"可用数据集"下拉列表中选择"Department"选项，单击"确定"按钮。

（12）如图 8-11 所示，在"报表数据"窗口中多了"数据集"选项，展开"数据集"选项可以看到"Department"选项，再展开"Department"选项可以看到所包含的列。

图 8-9　选择"数据集"命令

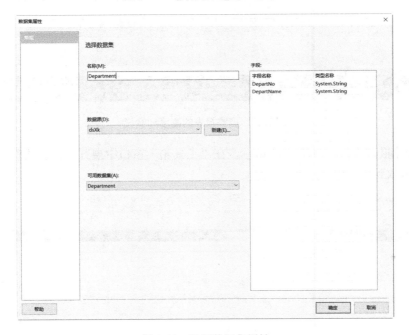

图 8-10　设置数据集属性

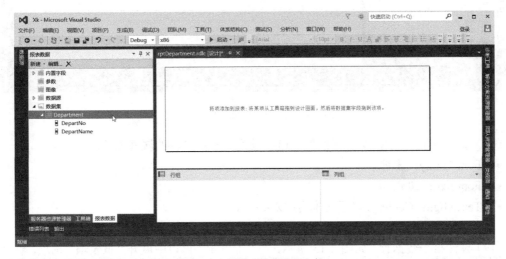

图 8-11　观察"报表数据"窗口

（13）如图 8-12 所示，注意图中双向箭头的位置，拖动底线可调报表的整高度，拖动右边线可调整报表的宽度。读者可以自行调整报表的高度和宽度。

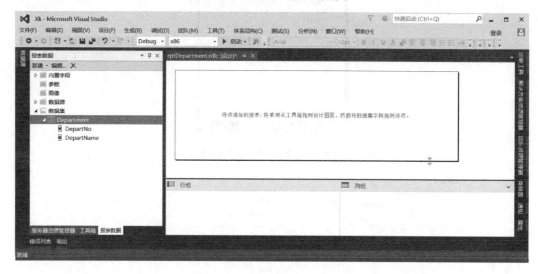

图 8-12　调整报表的高度和宽度

（14）设计报表抬头。如图 8-13 所示，在"工具箱"窗口中展开"报表项"选项，将"文本框"控件拖放到报表中。

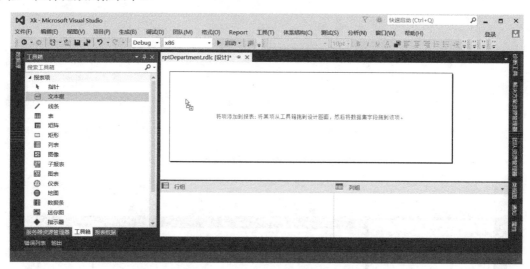

图 8-13　添加文本框控件（1）

（15）如图 8-14 所示，在"属性"窗口中设置文本框控件的属性如下。

- FontFamily：宋体。
- FontSize：20pt。
- TextAlign：Center（表示文本居中对齐）。

（16）双击文本框并输入"系部信息"。

（17）设计报表数据行。如图 8-15 所示，在"工具箱"窗口中展开"报表项"选项，将"表"控件拖放到报表中。

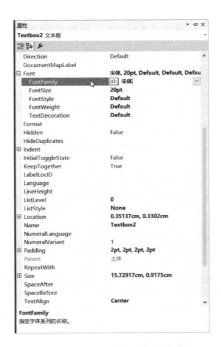

图 8-14　设置文本框控件的属性

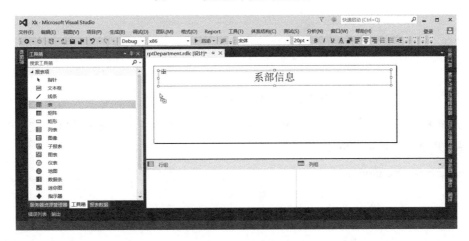

图 8-15　添加表控件

（18）如图 8-16 所示，如果需要调整整个表的大小和位置，则单击图中鼠标指针处进行调整。单击表内部，可调整某行、某列的宽度。整体操作和 Excel 软件类似，请读者自行尝试。

图 8-16　调整表的大小和位置

（19）如图 8-17 所示，适当调整第 1 行、第 1 列的高度和宽度，双击表中左上角第 1 个单元格并输入"序号"。

图 8-17　输入"序号"

（20）如图 8-18 所示，右击"序号"下方的单元格，在弹出的快捷菜单中选择"表达式"命令。

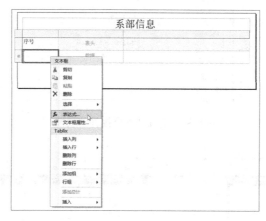

图 8-18　选择"表达式"命令（1）

（21）弹出"表达式"对话框，如图 8-19 所示，在"为以下项设置表达式"文本框中输入如下内容，并单击"确定"按钮。

```
=RowNumber("Department")
```

图 8-19　"表达式"对话框（1）

（22）在该文本框的"属性"窗口中，设置"TextAlign"属性为"Left"。

（23）如图 8-20 所示，在"报表数据"窗口中展开"数据集"→"Department"选项，将"DepartNo"数据集拖放到报表的第 2 列。

图 8-20　添加 DepartNo 列

（24）如图 8-21 所示，双击"序号"右侧的单元格，将"DepartNo"修改为"系部代码"，并适当调整该列的宽度。此时可以看到中文不能正常显示。

图 8-21　设置系部代码

（25）如图 8-22 所示，右击"序号"右侧的单元格，在弹出的快捷菜单中选择"文本属性"命令。

图 8-22　选择"文本属性"命令

（26）弹出"文本属性"对话框，如图 8-23 所示。设置"字体"为"宋体"、"大小"为"12pt"，单击"确定"按钮。

（27）如图 8-24 所示，现在中文"系部代码"可以正常显示，以后类似问题不再赘述。

图 8-23　"文本属性"对话框

图 8-24　中文可正常显示

后续所有的单元格和文本框都需要设置正确的字体和字号。

（28）在"报表数据"窗口中展开"数据集"→"Department"选项，将"DepartName"数据集拖放到报表的第 3 列。

（29）如图 8-25 所示，双击"系部代码"右侧的单元格并输入"系部名称"，设置正确的字体和字号。

图 8-25　设置系部名称

（30）如图 8-26 所示，右击报表的空白位置，在弹出的快捷菜单中选择"添加页脚"命令。

图 8-26　选择"添加页脚"命令

（31）如图 8-27 所示，在"工具箱"窗口中展开"报表项"选项，将"文本框"控件拖放到页脚的左侧。

图 8-27　添加文本框控件（2）

（32）如图 8-28 所示，右击左下角的单元格，在弹出的快捷菜单中选择"表达式"命令。

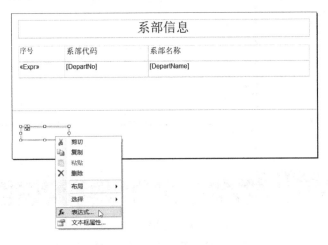

图 8-28　选择"表达式"命令（2）

（33）弹出"表达式"对话框，如图 8-29 所示，在"为以下项设置表达式"文本框中输入如下内容，并单击"确定"按钮。

```
="打印日期时间："&CDate(Globals!ExecutionTime).ToString("yyyy-MM-dd hh:mm:ss")
```

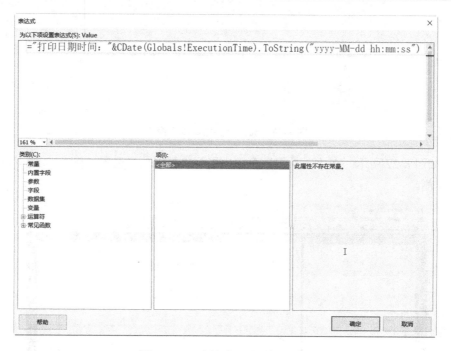

图 8-29　"表达式"对话框（2）

（34）如图 8-30 所示，在"工具箱"窗口中展开"报表项"选项，将"文本框"控件拖放到页脚的右侧。在该文本框的"属性"窗口中，设置"TextAlign"属性为"Right"。

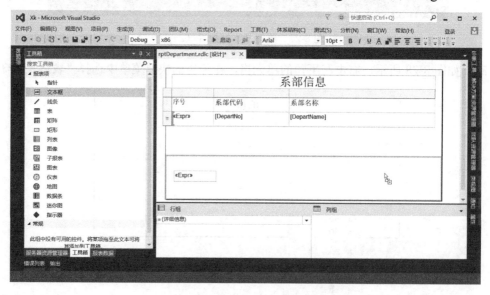

图 8-30　添加文本框控件（3）

（35）如图 8-31 所示，右击右下角的单元格，在弹出的快捷菜单中选择"表达式"命令。

图 8-31   选择 "表达式" 命令（3）

（36）弹出 "表达式" 对话框，如图 8-32 所示，在 "为以下项设置表达式" 文本框中输入如下内容，并单击 "确定" 按钮。

="第"&CStr(Globals!PageNumber)&"页，共"&CStr(Globals!TotalPages)&"页"

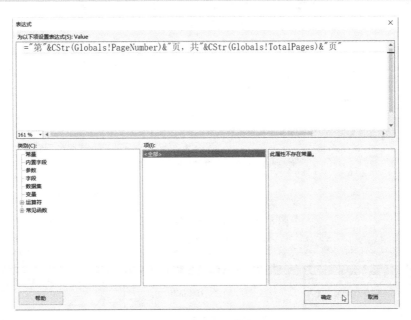

图 8-32   "表达式" 对话框（3）

（37）如图 8-33 所示，右击单元格，在弹出的快捷菜单中选择 "文本框属性" 命令。

（38）弹出 "文本框属性" 对话框，如图 8-34 所示。在左侧列表框中选择 "边框" 选项，在 "颜色" 下拉列表中选择 "黑色" 选项，单击 "外边框" 图标，并单击 "确定" 按钮。

读者可以根据自己的需求进行设定，编者这里将其他单元格属性都设置为显示外边框。

（39）如图 8-35 所示，在 "解决方案资源管理器" 窗口中右击 "rptDepartment.rdlc" 选项，在弹出的快捷菜单中选择 "属性" 命令。

图 8-33　选择"文本框属性"命令

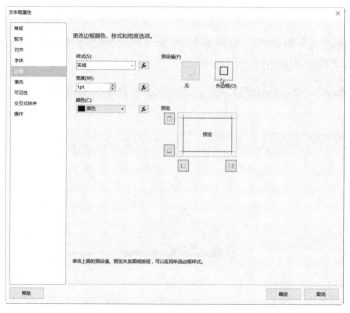

图 8-34　"文本框属性"对话框

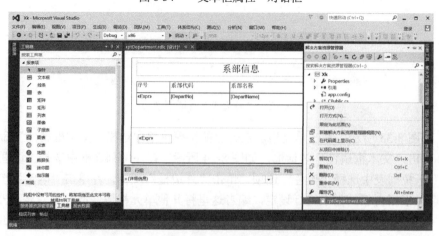

图 8-35　选择"属性"命令

（40）如图 8-36 所示，在"属性"窗口的"复制到输出目录"下拉列表中选择"始终复制"选项。

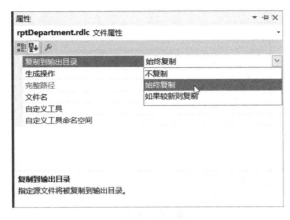

图 8-36 选择"始终复制"选项

8.1.2 准备"报表预览"窗体

"报表预览"窗体可供所有报表使用，因此仅在这里创建一次，后续报表设计无须重复该步骤。

（1）在"解决方案资源管理器"窗口中右击"Xk"选项，选择"添加"→"窗体（Windows 窗体）"命令，在弹出的对话框的"名称"文本框中输入"frmPrint"，单击"确定"按钮。设置窗体的"Text"属性为"报表预览"，并适当调整窗体的大小。

（2）如图 8-37 所示，在"工具箱"窗口中展开"报表"选项，将"ReportViewer"控件拖放到窗体中。ReportViewer 控件是一个报表预览控件。设置该控件的"Dock"属性为"Fill"，即填满窗体。

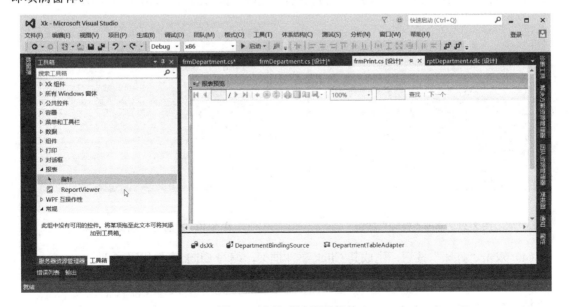

图 8-37 添加报表预览控件

该控件的默认名称为"reportViewer1"，保持默认名称，在后面编程中会用到该控件。

（3）如图8-38所示，设置reportViewer1的"Modifiers"属性为"Internal"。因为后面我们需要在类外部访问该变量。

图8-38　设置"Modifiers"属性

8.1.3　调用报表

（1）在"解决方案资源管理器"窗口中双击"frmDepartment.cs"选项，打开该窗体的设计界面。

（2）如图8-39所示，在工具栏上添加一个Button控件。

（3）设置"Text"属性为"打印"、"ToolTipText"属性为"打印"、"Name"属性为"tsbPrint"，并设置"Image"属性为适当的图片，完成后的"打印"按钮的效果如图8-40所示。

图8-39　添加"打印"按钮

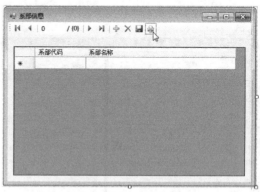

图8-40　"打印"按钮的效果

（4）双击"打印"按钮，生成其Click事件框架，编写Click事件代码如下。

```
private void toolStripButton1_Click(object sender, EventArgs e)
{
    frmPrint p = new frmPrint();
```

```
p.reportViewer1.LocalReport.ReportPath = "rptDepartment.rdlc";
p.reportViewer1.LocalReport.DataSources.Clear();

// 设置报表的数据源
p.reportViewer1.LocalReport.DataSources.Add(
new Microsoft.Reporting.WinForms.ReportDataSource("Department", departmentBindingSource));

p.reportViewer1.LocalReport.Refresh();

// 以模态窗体的形式显示"报表预览"窗体
p.ShowDialog();
}
```

（5）在主窗体中选择"系部信息"菜单，单击 🖨 按钮，运行效果如图 8-41 所示。

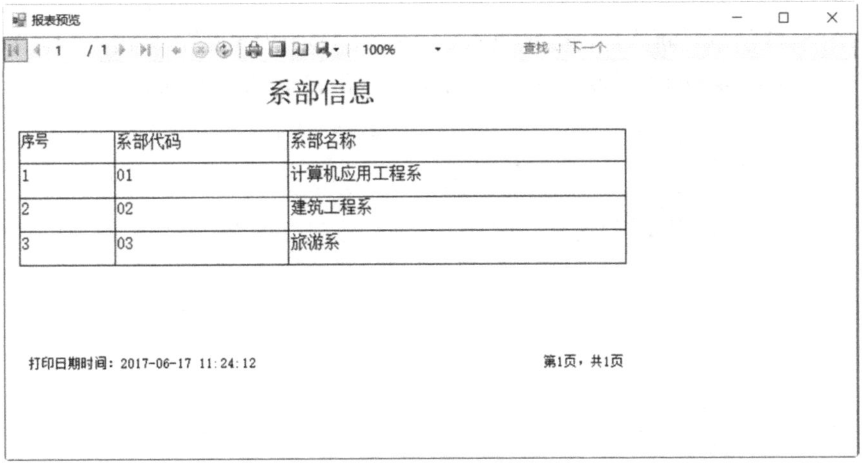

图 8-41 "报表预览"窗体的运行效果

8.2 打印来自自定义表的数据

在"按班级性别统计学生人数"界面中添加该统计查询的打印功能。通过该功能，我们将学习打印来自自定义表的数据。

8.2.1 修改数据集，准备报表所需的数据表

（1）在"解决方案资源管理器"窗口中双击"dsXk"选项，打开数据集。

在"按班级性别统计学生人数"功能中需要打印的数据有"班级名称""性别""人数"。根据目前数据集的情形，并没有某个数据表适合用来设计报表。因此下面我们将自己添加一个数据表，供报表设计使用。

（2）如图 8-42 所示，右击数据集界面空白处，在弹出的快捷菜单中选择"添加"→"TableAdapter"命令。

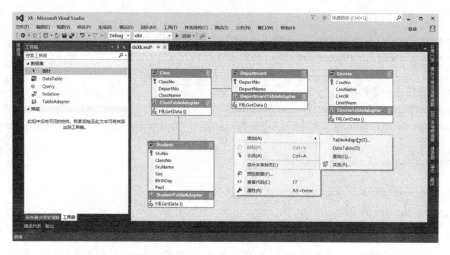

图 8-42　添加数据表

（3）如图 8-43 所示，新添加的数据表默认名称为"DataTable1"，单击"DataTable1"并在文本框中输入"StudentNumBySex"，将其重命名为"StudentNumBySex"。

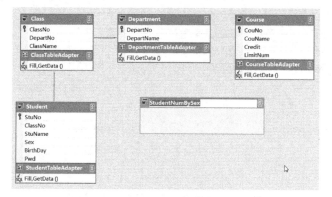

图 8-43　重命名数据表

（4）如图 8-44 所示，右击"StudentNumBySex"，在弹出的快捷菜单中选择"添加"→"列"命令。

（5）如图 8-45 所示，为刚添加的列设置名称为"ClassName"。

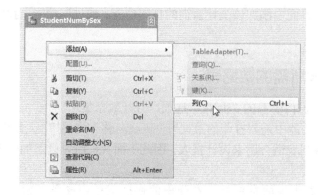

图 8-44　为数据表添加列　　　　　　图 8-45　为刚添加的列设置名称

（6）继续为数据表添加新的列，设置"Name"属性为"Sex"。

（7）继续为数据表添加新的列，设置"Name"属性为"StudentNum"。

（8）如图 8-46 所示，先在"StudentNum"左侧单击，确保选中"StudentNum"列，然后右击，在弹出的快捷菜单中选择"属性"命令。

（9）如图 8-47 所示，设置"StudentNum"列的属性，使其与数据库中的定义一致。这里我们将"DataType"属性设置为"System.Int32"。

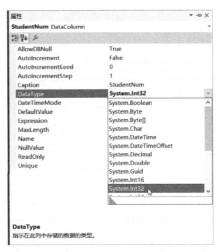

图 8-46　选择"属性"命令　　　　　　图 8-47　设置"StudentNum"列的属性

（10）设计好的数据集如图 8-48 所示。设置完成后保存，最好先编译或运行一下，再继续后面的操作。

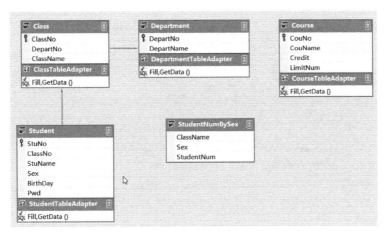

图 8-48　设计好的数据集

8.2.2　创建报表

（1）在"解决方案资源管理器"窗口中右击"Xk"选项，在弹出的快捷菜单中选择"添加"→"新建项"命令。

（2）弹出如图 8-49 所示的对话框，在左侧选择"Reporting"选项，右侧选择"报表"选项，在"名称"文本框中输入"rptStudentNumBySex.rdlc"，单击"添加"按钮。

（3）如图 8-50 所示，在"报表数据"窗口中选择"新建"→"数据集"命令。

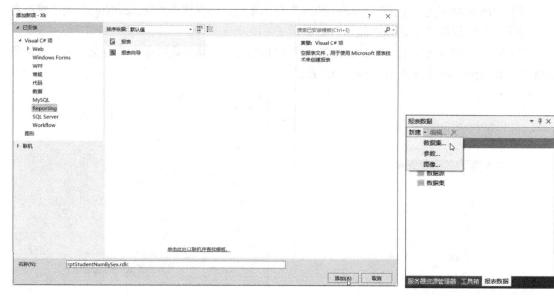

图 8-49　"添加新项"对话框　　　　　　　　　　　图 8-50　新建数据集

（4）如图 8-51 所示，在"名称"文本框中输入"StudentNumBySex"，在"数据源"下拉列表中选择"dsXk"选项，在"可用数据集"下拉列表中选择"StudentNumBySex"选项。

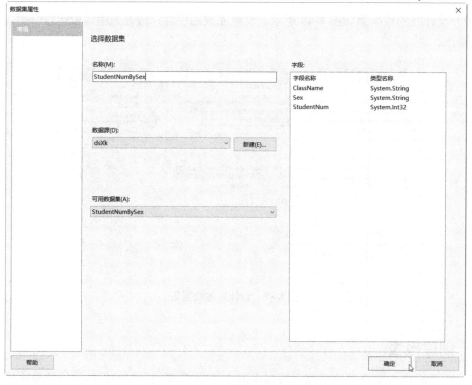

图 8-51　设置数据集属性

（5）设计报表抬头。如图 8-52 所示，在"工具箱"窗口中展开"报表项"选项，将"文本框"控件拖放到报表中。

图 8-52 添加文本框控件

（6）设置文本框控件的属性如下。

● FontFamily：宋体。

● FontSize：20pt。

● TextAlign：Center（表示文本居中对齐）。

（7）双击文本框并输入"按班级性别统计学生人数"。

（8）设计报表数据行。在"工具箱"窗口中展开"报表项"选项，将"表"控件拖放到报表中。

（9）如图 8-53 所示，在"报表数据"窗口中展开"数据集"→"StudentNumBySex"选项，将"ClassName"数据集拖放到报表的第 1 列。

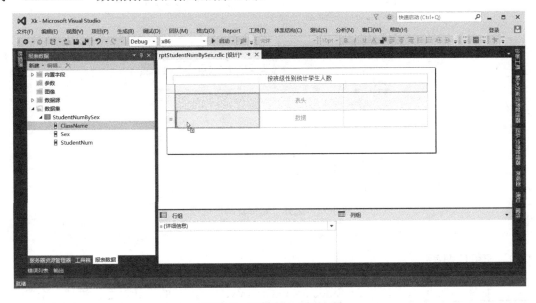

图 8-53 添加 ClassName 列

（10）如图 8-54 所示，双击"ClassName"单元格，将"ClassName"修改为"班级名称"，适当调整该列的宽度，并设置字体为"宋体"。

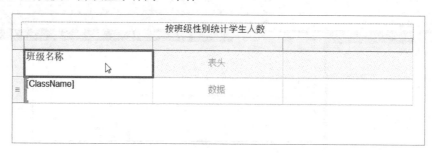

图 8-54　设置"ClassName"列的属性

（11）在"报表数据"窗口中展开"数据集"→"StudentNumBySex"选项，将"Sex"数据集拖放到报表的第 2 列。

（12）双击"Sex"单元格，将"Sex"修改为"性别"，适当调整该列的宽度，并设置字体为"宋体"。

（13）在"报表数据"窗口中展开"数据集"→"StudentNumBySex"选项，将"StudentNum"数据集拖放到报表的第 3 列。

（14）双击"StudentNum"单元格，将"StudentNum"修改为"人数"，适当调整该列的宽度，并设置字体为"宋体"。

（15）读者可以根据自己的需求决定单元格是否显示外边框。

（16）在"解决方案资源管理器"窗口中右击"rptStudentNumBySex.rdlc"选项，在弹出的快捷菜单中选择"属性"命令。

（17）如图 8-55 所示，在"属性"窗口的"复制到输出目录"下拉列表中选择"始终复制"选项。

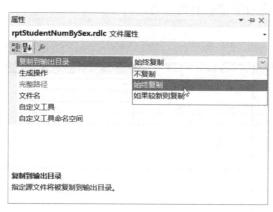

图 8-55　选择"始终复制"选项

8.2.3　调用报表

（1）如图 8-56 所示，打开 frmStudentNumGroupByClassSex 的设计界面，添加一个 Button 控件，设置"Text"属性为"打印"、"Name"属性为"btnPrint"。

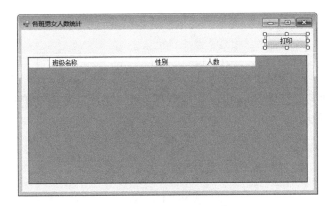

图 8-56 添加"打印"按钮

（2）双击"打印"按钮，为其编写 Click 事件，代码如下。

```
frmPrint p = new frmPrint();

p.reportViewer1.LocalReport.ReportPath = "rptStudentNumBySex.rdlc";
p.reportViewer1.LocalReport.DataSources.Clear();

// 设置报表的数据源
p.reportViewer1.LocalReport.DataSources.Add(
new Microsoft.Reporting.WinForms.ReportDataSource("StudentNumBySex", ds.Tables[0]));

p.reportViewer1.LocalReport.Refresh();

// 以模态窗体的形式显示"报表预览"窗体
p.ShowDialog();
```

（3）运行程序，在主窗体中选择"统计查询"→"按班级性别统计学生人数"命令，单击"打印"按钮，运行效果如图 8-57 所示。

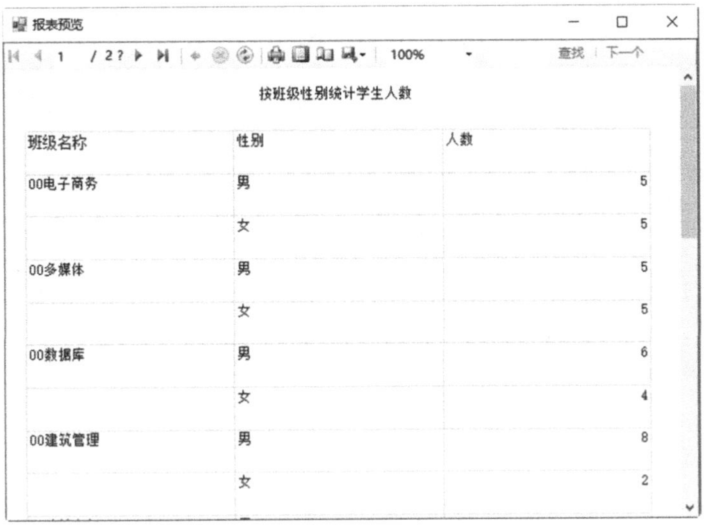

图 8-57 "打印"按钮的运行效果

1. 设计报表，使其能打印 Suppliers 表的数据。在"供应商数据维护"窗体中调用该报表，打印效果如图 8-S-1 所示。

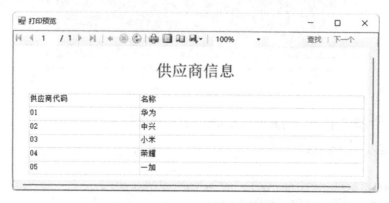

图 8-S-1　Suppliers 表的打印效果

2. 设计报表，使其能打印按供应商统计销售金额的统计结果，打印效果如图 8-S-2 所示。

图 8-S-2　按供应商统计销售金额的统计结果的打印效果

项目 9

系统完善

系统完善

学习目标

掌握如何开发系统的"关于"窗体。

掌握如何使用程序集信息。

熟练掌握异常处理。

掌握单击 DataGridView 控件的列标题时取消排序的小技巧。

理解和使用 Singleton 模式防止 MDI 子窗体的多实例化。

培养求真务实的敬业精神。

任务 9.1 设计"关于"窗体

9.1.1 设置项目属性

（1）如图 9-1 所示，在"解决方案资源管理器"窗口中右击"Xk"选项，在弹出的快捷菜单中选择"属性"命令。

（2）如图 9-2 所示，在界面左侧选择"应用程序"选项，单击"程序集信息"按钮。

（3）如图 9-3 所示，在"程序集信息"对话框中输入各项的值，单击"确定"按钮。

图 9-1 选择"属性"命令

图 9-2　单击"程序集信息"按钮

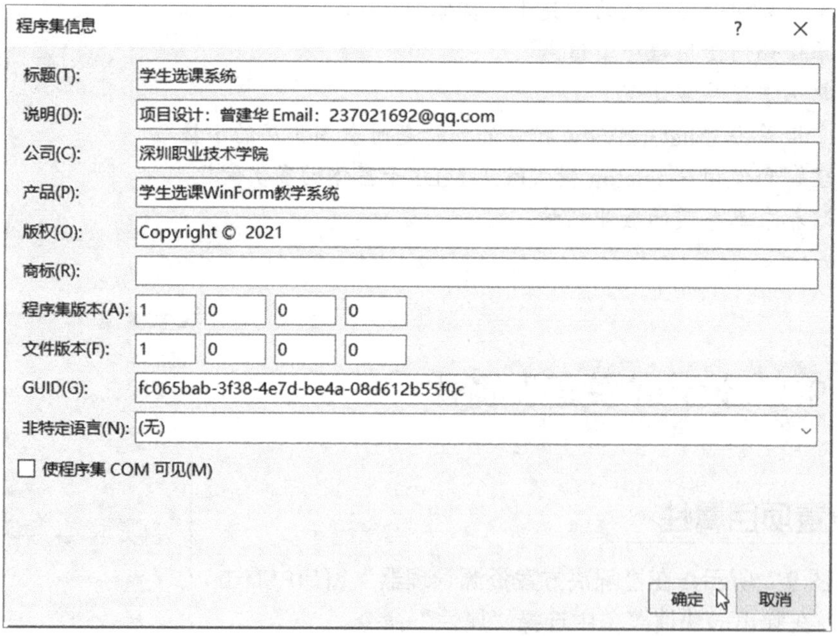

图 9-3　"程序集信息"对话框

9.1.2　设计窗体

（1）在"解决方案资源管理器"窗口中右击"Xk"选项，在弹出的快捷菜单中选择"添加"→"新建项"命令，弹出"添加新项"对话框，如图 9-4 所示。在模板中选择"关于 Box（Windows 窗体）"选项，在"名称"文本框中输入"frmAboutBox.cs"，单击"添加"按钮。

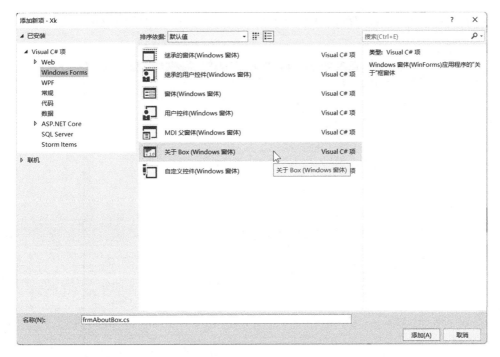

图 9-4　"添加新项"对话框

（2）在"解决方案资源管理器"窗口中双击"frmMain.cs"选项，打开该窗体的设计界面，选择"系统"→"关于"命令，为其编写 Click 事件，代码如下。

```
private void 关于 ToolStripMenuItem_Click(object sender, EventArgs e)
{
    frmAboutBox f = new frmAboutBox();
    f.ShowDialog();
}
```

在通常情况下，"关于"窗体会以模态对话框的形式显示。

（3）运行程序。登录后，在主菜单中选择"系统"→"关于"命令，弹出"关于 学生选课系统"对话框，如图 9-5 所示。

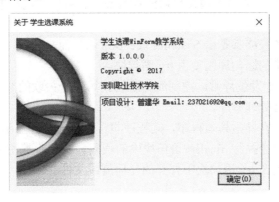

图 9-5　"关于 学生选课系统"对话框

（4）切换到 frmAboutBox 窗体的代码视图，如图 9-6 所示，系统的"关于"窗体已经帮我们写好了很多方法。读者还可以单击"程序集特性访问器"前的加号按钮，查看更多细节的代码。

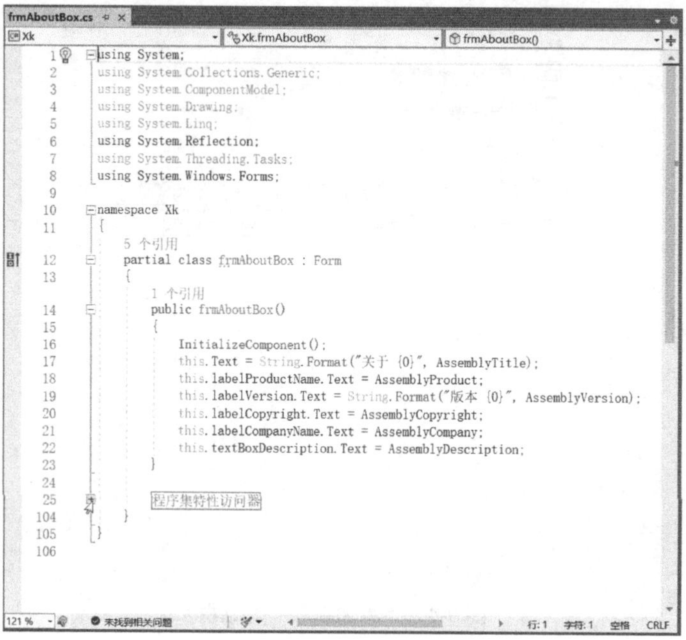

图 9-6　"关于"窗体的代码

任务 9.2　异常

9.2.1　异常的概念

异常处理功能可以帮助我们处理程序运行时出现的任何意外或异常情况。异常处理使用 try、catch 和 finally 关键字尝试进行某些操作，以处理失败情况。尽管这些操作可能会失败，但是如果确定需要这样做，并且希望在事后清理资源，就可以尝试一下。

异常具有以下特点。

- 各种类型的异常最终都是由 System.Exception 派生而来的。
- 在可能引发异常的语句周围使用 try 语句块。
- 一旦 try 语句块中发生异常，控制流将跳转到第 1 个关联的异常处理程序。catch 关键字用于定义异常处理程序。
- 如果给定异常没有异常处理程序，则程序将停止执行，并显示一条错误消息。
- 即使发生异常也会执行 finally 语句块中的代码。我们通常使用 finally 语句块释放资源。例如，关闭在 try 语句块中打开的任何流或文件。

9.2.2　异常处理

本节将针对数据库中的常用异常处理操作进行演练。

（1）打开 frmSelectCourse 窗体，切换到代码窗口。

（2）改写 getCourse 方法代码如下。

```
private void getCourse()
{
    SqlConnection cn = new SqlConnection(Properties.Settings.Default.Xk ConnectionString);
    string sql = " SELECT * FROM Course ORDER BY CouNo";
    SqlDataAdapter da = new SqlDataAdapter(sql, cn);
    try
    {
        cn.Open();
        da.Fill(ds, "Course");
    }
    catch (Exception ex)
    {
        MessageBox.Show(" 错 误 "+ex.Message," 错 误 信 息 ",MessageBoxButtons.OK, MessageBoxIcon.
Error);
    }
    finally
    {
        cn.Close();
    }

    dgvCourse.DataSource = ds.Tables["Course"];
}
```

（3）切换到设计窗口，双击"提交"按钮，改写其 Click 事件代码如下。

```
private void btnUpdate_Click(object sender, EventArgs e)
{
    bool isSuccess = false;
    SqlConnection cn = new SqlConnection(Properties.Settings.Default.XkConnectionString);
    string sql = " DELETE FROM StuCou WHERE StuNo=@StuNo";
    SqlCommand cmd = new SqlCommand(sql, cn);
    cmd.Parameters.Add("StuNo",SqlDbType.NVarChar,8).Value=
CPublic.LoginInfo["StuNo"]. ToString();
    cn.Open();
    cmd.ExecuteNonQuery();
    cn.Close();
    for (int i = 0; i < dgvSelectCourse.Rows.Count; i++)
    {
        sql = " INSERT StuCou(StuNo,CouNo,WillOrder,State)
VALUES(@StuNo,@CouNo,@WillOrder,@State)";
        cmd = new SqlCommand(sql, cn);
        cmd.Parameters.Add("StuNo", SqlDbType.NVarChar, 8).Value =
CPublic.LoginInfo["StuNo"].ToString();
        cmd.Paramctcrs.Add("CouNo", SqlDbTypc.NVarChar, 8).Valuc =
dgvSelectCourse.Rows[i].Cells["SelectCouNo"].Value;
```

```
            cmd.Parameters.Add("WillOrder", SqlDbType.SmallInt).Value = i + 1;
            cmd.Parameters.Add("State", SqlDbType.NVarChar, 2).Value = "报名";
            try
            {
                cn.Open();
                cmd.ExecuteNonQuery();
                isSuccess = true;
            }
            catch
            {
                isSuccess = false;
            }
            finally
            {
                cn.Close();
            }
        }
        ds.Tables["StuCou"].Clear();
        getStuCou();
        if (isSuccess)
            MessageBox.Show("数据提交成功", "提示", MessageBoxButtons.OK,
MessageBoxIcon.Information);
        else
            MessageBox.Show("数据提交失败", "错误信息", MessageBoxButtons.OK,
MessageBoxIcon.Error);
    }
```

实际上，相关代码都应该加上异常处理功能，本书仅用于教学，只是以此为例进行说明。读者在实际项目开发中都应该在需要的地方加上适当的异常处理功能。

读者可以自行决定 catch 中是否显示 ex.Message，而显示 ex.Message 可以方便开发人员进行调试。对最终用户通常可以显示一些友好的提示，不必很专业。因此编者在步骤（2）、（3）里分别给出了两种不同的写法。

任务 9.3　单击 DataGridView 控件的列标题时取消排序

DataGridView 控件默认单击列标题是可以排序的，该功能很强大，但有时我们并不希望为用户提供该功能。

9.3.1　通过可视化方式设定 DataGridView 控件的所有列不排序

（1）这里以 frmSelectCourse 窗体为例进行说明，打开 frmSelectCourse 窗体的设计界面。

（2）单击 dgvSelectCourse 控件右上角的小三角按钮，在弹出的设置面板中选择"编辑列"选项。

（3）如图 9-7 所示，设置"SortMode"属性为"NotSortable"。

（4）依次设定每一列的"SortMode"属性均为"NotSortable"。

是不是比较烦琐呢？尤其是列很多的时候。目前还没有可以一次性设定 DataGridView 控件的所有列不排序的操作。

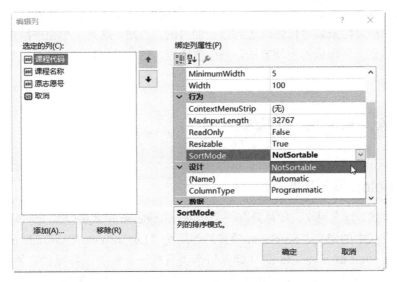

图 9-7　设置"SortMode"属性为"NotSortable"

9.3.2　通过编写通用方法设定 DataGridView 控件的所有列不排序

下面使用代码的方式来实现同样的功能。

在"解决方案资源管理器"窗口中双击"CPublic.cs"选项，编写一个自定义方法，该方法带有一个参数，参数类型是"DataGridView"。

```
public static void notSortDataGridView(System.Windows.Forms.DataGridView dgv)
{
    for (int i = 0; i < dgv.Columns.Count; i++)
    {
        dgv.Columns[i].SortMode =
System.Windows.Forms.DataGridViewColumnSortMode.NotSortable;
    }
}
```

9.3.3　调用方法禁止单击 DataGridView 控件的列标题时排序

（1）切换到 frmSelectCourse 窗体的代码窗口，在窗体的 Load 事件代码的最后添加一行代码。

```
CPublic.notSortDataGridView(dgvCourse);
```

当项目中的其他窗体也不希望 DataGridView 控件排序时，类似地，调用 CPublic 类的 notSortDataGridView 方法就可以了。

（2）运行程序进行测试。

dgvSelectCourse 控件不可以排序，这是通过可视化方式实现的。

dgvCourse 控件也不可以排序，这是通过编写通用方法实现的。

读者可以自行选择实现的方式。

这些小技巧或小应用在这里只能针对某一个具体的例子。其实，编者更希望读者通过熟悉控件、类的方法和属性来编写代码以达到自己的目的。当然，这是一个循序渐进的过程，读者可以先在网上搜索一些现成的实现方法，并读懂代码，熟悉以后再加入自己的想法，自然就会编写代码了。

任务 9.4　Singleton 模式

9.4.1　Singleton 模式的概念

Singleton 模式，顾名思义，就是只有一个实例。Singleton 模式确保某一个类只有一个实例。

按照设计模式中的定义，Singleton 模式的作用是"Ensure a class has only one instance, and provide a global point of access to it"（确保每个类只有一个实例，并提供它的全局访问点）。Singleton 模式设计的要点是：应该由类本身来负责只使用一个类实例，而不是由类用户来负责。我们在设计时应该考虑使用某种方法来控制如何创建类实例，并确保在任何给定的时间只创建一个类实例。

9.4.2　使用 Singleton 模式防止 MDI 子窗体的多实例化

（1）以 frmDepartment 窗体为例进行说明，先运行程序，看看现在的效果。如图 9-8 所示，在主菜单中多次选择"系部信息"菜单，将出现该窗体的多个实例。

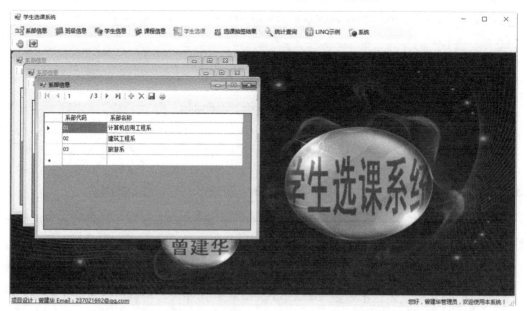

图 9-8　多次选择"系部信息"菜单将出现该窗体的多个实例

（2）在"解决方案资源管理器"窗口中双击"frmDepartment.cs"选项，打开该窗体。

（3）切换到代码窗口，如图9-9所示，添加和改写代码（将构造函数改写为私有的）。

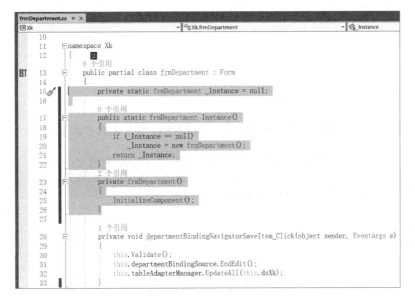

图9-9 改写frmDepartment窗体代码

（4）如图 9-10 所示，在"解决方案资源管理器"窗口中展开"frmDepartment.cs"→"frmDepartment.Designer.cs"选项。

图9-10 展开"frmDepartment.Designer.cs"选项

（5）如图9-11所示，在 Dispose 方法代码的最后加入一行代码。

```
protected override void Dispose(bool disposing)
{
    if (disposing && (components != null))
    {
        components.Dispose();
    }
    base.Dispose(disposing);

    _Instance = null;
}
```

图 9-11　改写 Dispose 方法代码

（6）打开 frmMain 窗体，改写"系部信息"菜单的 Click 事件代码如下。

```
private void 系部信息 ToolStripMenuItem_Click(object sender, EventArgs e)
{
    frmDepartment f = frmDepartment.Instance();
    f.MdiParent = this;
    f.Show();
    f.Focus();
}
```

（7）运行程序，进行测试。现在多次选择"系部信息"菜单就不会出现多个实例了。

这里就不对其他窗体进行修改了。读者可以根据需要决定是否将窗体设计成 Singleton 模式。

实　训

1. 设计"关于"窗体，效果如图 9-S-1 所示。

图 9-S-1　"关于"窗体的设计效果

2. 按照 Singleton 模式的思路，将项目 3 中完成的供应商数据维护窗体控制为只能实例化一次。

控件开发

控件开发

学习目标

掌握如何开发用户控件。

掌握如何开发复合控件。

理解控件开发过程中的属性（Property）和事件（Event）。

能够根据自己的需要开发适合的控件。

培养精益求精的品质追求。

任务 10.1　用户控件

创建控件的一种方法是从 UserControl 类继承。UserControl 类提供控件所需的所有基本功能（包括鼠标和键盘处理事件），但不提供控件特定的功能或图形界面。

若要实现用户控件，则通常应该编写该控件的 OnPaint 事件代码，以及所需的任何特定功能的代码。

通常在以下情况下，需要从 UserControl 类继承：想要提供控件的自定义图形化表示形式；需要实现无法从标准控件获得的自定义功能。

10.1.1　开发用户控件

本节将设计开发一个椭圆形的按钮，当鼠标指针离开按钮和进入按钮区域时，按钮的边框和背景色会发生变化；当单击按钮时会触发一个 Click 事件。

根据功能需求，该控件的设计如下。

- 从 UserControl 类派生自定义控件。

- 在控件内部重写 OnPaint 事件来绘制按钮界面。
- 重写 OnMouseMove 事件和 OnMouseLeave 事件来实现按钮的动态效果。
- 重写 OnClick 事件来触发 Click 事件。

（1）如图 10-1 所示，在"解决方案资源管理器"窗口中右击"Xk"选项，在弹出的快捷菜单中选择"添加"→"用户控件（Windows 窗体）"命令。

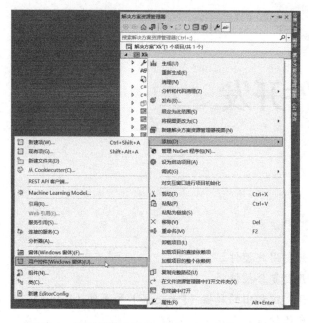

图 10-1　选择"用户控件（Windows 窗体）"命令

（2）如图 10-2 所示，在"添加新项"对话框的"名称"文本框中输入"EllipseButton.cs"，单击"添加"按钮。

图 10-2　添加用户控件

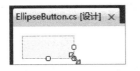

图 10-3　调整控件的大小

（3）如图 10-3 所示，调整控件的大小，使其与常用的按钮大小保持一致。

（4）定义控件的属性。这里我们定义了按钮边框色、按钮背景色、鼠标指针悬停时的边框色、鼠标指针悬停时的背景色和按钮文本。切换到 EllipseButton.cs 的代码界面，在 EllipseButton 类中编写代码，声明如下属性。

```
// 按钮边框色
private Color intBorderColor = Color.Blue;
public Color BorderColor
{
    get { return intBorderColor; }
    set { intBorderColor = value; }
}
// 按钮背景色
private Color intButtonBackColor = Color.White;
public Color ButtonBackColor
{
    get { return intButtonBackColor; }
    set { intButtonBackColor = value; }
}
// 鼠标指针悬停时的边框色
private Color intHoverBorderColor = Color.Red;
public Color HoverBorderColor
{
    get { return intHoverBorderColor; }
    set { intHoverBorderColor = value; }
}
// 鼠标指针悬停时的背景色
private Color intHoverBackColor = Color.SkyBlue;
public Color HoverBackColor
{
    get { return intHoverBackColor; }
    set { intHoverBackColor = value; }
}
// 按钮文本
private string strCaption = null;
public string Caption
{
    get { return strCaption; }
    set { strCaption = value; }
}
```

（5）定义一个鼠标指针悬停标志变量，在 EllipseButton 类中编写如下代码。

```
// 鼠标指针悬停标志
private bool bolMouseHoverFlag = false;
```

（6）重写控件的 OnPaint 方法，继续在 EllipseButton 类中编写如下代码。

```csharp
protected override void OnPaint(PaintEventArgs e)
{
    base.OnPaint(e);
    // 创建椭圆路径
    using (System.Drawing.Drawing2D.GraphicsPath path =
                new System.Drawing.Drawing2D.GraphicsPath())
    {
        path.AddEllipse(0, 0, this.ClientSize.Width - 1, this.ClientSize. Height - 1);
        // 填充背景色
        using (SolidBrush b = new SolidBrush(
                    bolMouseHoverFlag ? this.HoverBackColor : this.Button
BackColor))
        {
            e.Graphics.FillPath(b, path);
        }
        // 绘制边框
        using (Pen p = new Pen(
                    bolMouseHoverFlag ? this.HoverBorderColor : this.Border Color, 2))
        {
            e.Graphics.DrawPath(p, path);
        }
    }
    if (this.Caption != null)
    {
        // 绘制文本
        using (StringFormat f = new StringFormat())
        {
            // 水平居中对齐
            f.Alignment = System.Drawing.StringAlignment.Center;
            // 垂直居中对齐
            f.LineAlignment = System.Drawing.StringAlignment.Center;
            // 设置为单行文本
            f.FormatFlags = System.Drawing.StringFormatFlags.NoWrap;
            // 绘制文本
            using (SolidBrush b = new SolidBrush(this.ForeColor))
            {
                e.Graphics.DrawString(this.Caption,this.Font,b,new   System.Drawing.RectangleF(0,0,  this.
ClientSize.Width,this.ClientSize.Height),f);
            }
        }
    }
}
```

这个方法首先创建了一个 GraphicsPath 对象。这个对象表示一个路径，路径就是若干条直线和曲线的组合。我们可以向路径对象中添加各种直线或曲线。在这里，我们调用它的AddEllipse 方法向路径中添加了一条椭圆曲线。

创建一个椭圆路径后，我们就可以绘制椭圆形了。首先创建一个 SolidBrush 对象，然后调用图形绘制对象的 FillPath 方法来填充路径，再创建 Pen 对象，调用图形绘制对象的 DrawPath 方法来绘制路径。

很多图形编程对象，如 SolidBrush、Pen 和 GraphicsPath，它们内部都使用了非托管资源，在不使用的时候需要销毁这些对象。因此，代码中使用了 using 语法结构来处理这些对象。

这里我们使用鼠标指针悬停标志变量 bolMouseHoverFlag，使鼠标指针在悬停和不悬停时的按钮背景色与按钮边框色不同。

绘制出椭圆区域后，我们就可以绘制按钮文本了。首先创建一个 StringFormat 对象，用于控制绘制文本时的样式。然后设置文本格式为水平居中对齐和垂直居中对齐，而且不允许换行，只能显示单行文本。接下来，根据文本颜色创建一个 SolidBrush 对象，并绘制文本，最后调用图形绘制对象的 DrawString 方法来绘制字符串。

（7）添加代码，实现鼠标指针悬停的动态效果。我们编写一个 CheckMouseHover 方法，用于判断鼠标指针是否悬停到按钮上。由于按钮是椭圆形的，控件上的部分内容不属于按钮区域，因此即使鼠标指针在控件上面，也要判断鼠标指针是否在椭圆形区域中。在 EllipseButton 类中编写 CheckMouseHover 方法的代码如下。

```
private bool CheckMouseHover(int x, int y)
{
    using (System.Drawing.Drawing2D.GraphicsPath path = new
System.Drawing.Drawing2D.GraphicsPath())
    {
        path.AddEllipse(0, 0, this.ClientSize.Width - 1, this.ClientSize. Height - 1);
        bool flag = path.IsVisible(x, y);
        if (flag != bolMouseHoverFlag)
        {
            bolMouseHoverFlag = flag;
            this.Invalidate();
        }
        return flag;
    }
}
```

（8）重写控件的 OnMouseMove 方法，用于处理鼠标指针移动事件。在该事件的处理过程中，只是简单地调用 CheckMouseHover 成员，参数使用的是鼠标指针位置。在 EllipseButton 类中编写 OnMouseMove 方法代码如下。

```
protected override void OnMouseMove(MouseEventArgs e)
{
    this.CheckMouseHover(e.X, e.Y);
    base.OnMouseMove(e);
}
```

（9）重写 OnMouseLeave 方法，用于处理鼠标指针离开控件客户区的事件，取消控件的鼠标指针悬停状态。在 EllipseButton 类中编写 OnMouseLeave 方法代码如下。

```
protected override void OnMouseLeave(EventArgs e)
```

```
{
    this.CheckMouseHover(-1, -1);
    base.OnMouseLeave(e);
}
```

（10）重写 OnClick 方法，在 EllipseButton 类中编写 OnClick 方法代码如下。

```
protected override void OnClick(EventArgs e)
{
    Point p = System.Windows.Forms.Control.MousePosition;
    p = base.PointToClient(p);
    if (CheckMouseHover(p.X, p.Y))
    {
        base.OnClick(e);
    }
}
```

由于按钮是椭圆形的，当用户单击控件时，要判断单击的点是否在椭圆形区域中，从而判断是否需要触发 Click 事件。因此，我们通过重写 OnClick 方法来处理控件的 Click 事件。

因为 OnClick 方法的参数没有指明鼠标指针的位置，所以我们需要自己计算鼠标指针在客户区中的位置。首先，我们使用 Control 类型的 MousePosition 静态属性来获得鼠标指针在计算机屏幕中的位置；然后，使用控件的 PointToClient 函数将这个坐标从计算机屏幕坐标转换为控件客户区坐标；最后，调用 CheckMouseHover 函数，判断这个坐标是否在椭圆形区域中。若鼠标指针在椭圆形区域中，则调用 base.OnClick 方法，触发 Click 事件。

（11）编译项目。如图 10-4 所示，在主菜单中选择"生成"→"生成解决方案"命令。

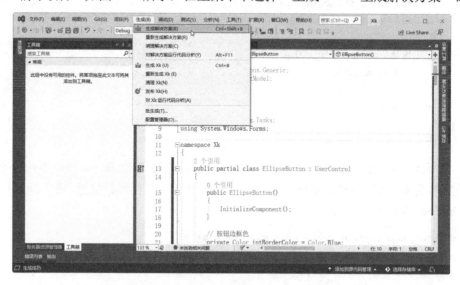

图 10-4 选择"生成解决方案"命令

（12）如图 10-5 所示，进入任意一个窗体设计器，在"工具箱"窗口中展开"Xk 组件"选项，将"EllipseButton"控件拖放到窗体中，就可以在窗体中放置一个椭圆形的按钮。我们可以在属性列表中设置按钮边框色、按钮背景色、鼠标指针悬停时的边框色、鼠标指针悬停时的背景色和按钮文本。

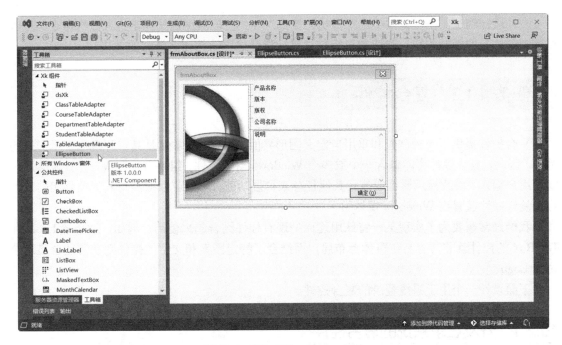

图 10-5　添加 EllipseButton 控件

10.1.2　使用用户控件

（1）如图 10-6 所示，打开 frmStudentNumGroupByClassSex 窗体的设计界面，在"工具箱"窗口中展开"Xk 组件"选项，将"EllipseButton"控件拖放到窗体中。设置 EllipseButton 控件的"Caption"属性为"控件按钮测试"。

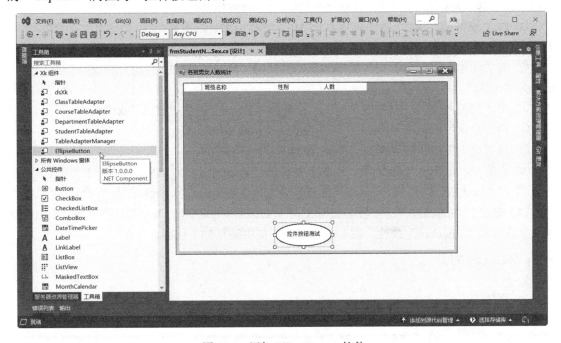

图 10-6　添加 EllipseButton 控件

（2）运行测试，在主窗体中选择"统计查询"→"按班级性别统计学生人数"命令，可以观察到窗体上的椭圆按钮，请读者自行测试鼠标指针进出该按钮区域时的效果。

任务 10.2 复合控件

复合控件提供了一种创建和重用自定义图形界面的方法，其本质是具有可视化表示形式的组件。因此，复合控件可能包含一个或多个 Windows 窗体控件、组件或代码块，并且能够通过验证用户输入、修改显示属性或执行其他任务来扩展功能。用户可以按照与其他控件相同的方式将复合控件放置到 Windows 窗体中。

我们经常需要为了实现某一特殊用途而把现有控件结合起来使用。例如，结合了 Label 和 TextBox 的控件就非常容易在窗体上布局，而结合了特定图案和文字的控件则非常适合显示公司的 Logo。

下面设计一个用于系统登录的复合控件。

10.2.1 开发登录系统的复合控件

（1）在"解决方案资源管理器"窗口中右击"Xk"选项，在弹出的快捷菜单中选择"添加"→"用户控件（Windows 窗体）"命令。

（2）在"添加新项"对话框的"名称"文本框中输入"LoginControl.cs"，单击"添加"按钮。

（3）与登录窗体的设计界面类似，登录窗体复合控件如图 10-7 所示，适当调整控件的大小，放入一个 PictureBox 控件、两个 Label 控件、两个 TextBox 控件、两个 Button 控件和一个 CheckBox 控件。

① 每个控件的"Text"属性可以从图 10-7 中看出来，这里就不再赘述了。

② 将"请输入用户名"右侧的 TextBox 控件的"Name"属性设置为"txtID"。

图 10-7 登录窗体复合控件

③ 将"请输入密码"右侧的 TextBox 控件的"Name"属性设置为"txtPwd"。

④ 将"登录"按钮的"Name"属性设置为"btnLogin"。

⑤ 将"退出"按钮的"Name"属性设置为"btnExit"。

⑥ 设置 PictureBox 控件和两个 Button 控件的"Image"属性，适当美化一下界面。

⑦ 将 CheckBox 控件的"Name"属性设置为"cbIsManager"、"Checked"属性设置为"True"。

（4）定义控件的属性。这里我们公开了两个 Label 控件和两个 TextBox 控件的"Text"属性及复选框的"Checked"属性。在 LoginControl 类中编写如下代码。

```
public string LblID
{
    get
    {
        return lblID.Text;
    }
```

```
                set
                {
                        lblID.Text = value;
                }
        }
        public string LblPwd
        {
                get
                {
                        return lblPwd.Text;
                }
                set
                {
                        lblPwd.Text = value;
                }
        }
        public string TxtID
        {
                get
                {
                        return txtID.Text;
                }
                set
                {
                        txtID.Text = value;
                }
        }
        public string TxtPwd
        {
                get
                {
                        return txtPwd.Text;
                }
                set
                {
                        txtPwd.Text = value;
                }
        }
        public bool IsManager
        {
                get
                {
                        return cbIsManager.Checked;
                }
                set
                {
                        cbIsManager.Checked = value;
                }
```

```
    }
```

（5）公开控件的事件。这里我们公开了两个事件，分别是单击"登录"按钮事件和单击"退出"按钮事件。在 LoginControl 类中编写如下代码。

```
public event EventHandler login;
protected void onLogin(object sender, EventArgs e)
{
    if (login != null)
    {
        login(this, e);
    }
}
private void btnLogin_Click(object sender, EventArgs e)
{
    onLogin(sender, e);
}
public event EventHandler exit;
protected void onExit(object sender, EventArgs e)
{
    if (exit != null)
    {
        exit(this, e);
    }
}
private void btnExit_Click(object sender, EventArgs e)
{
    onExit(sender, e);
}
```

当然，读者也可以根据需要再增加一些属性，如字体、控件大小等，使用户更加灵活地使用控件。

（6）编译项目。在主菜单中选择"生成"→"生成解决方案"命令。

10.2.2 使用复合控件实现系统登录

（1）在"解决方案资源管理器"窗口中右击"Xk"选项，在弹出的快捷菜单中选择"添加"→"窗体（Windows 窗体）"命令。

（2）在"添加新项"对话框的"名称"文本框中输入"frmLoginWithControl.cs"，单击"添加"按钮。

（3）设置窗体的属性如下。

- Text：登录系统。
- FormBorderStyle：FixedDialog（窗体边界样式，不可改变窗体大小）。
- MaximizeBox：False（不显示最大化按钮）。
- MinimizeBox：False（不显示最小化按钮）。
- StartPosition：CenterScreen（窗体启动后显示在屏幕中间）。

（4）如图 10-8 所示，在"工具箱"窗口中展开"Xk 组件"选项，将"LoginControl"控件拖放到 frmLoginWithControl 窗体中。

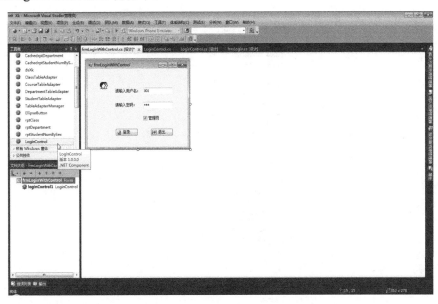

图 10-8 添加复合控件

（5）如图 10-9 所示，查看刚放上去的复合控件的属性，可以找到"LblID"属性、"LblPwd"属性、"TxtID"属性、"TxtPwd"属性及"IsManager"属性。

图 10-9 复合控件的属性

（6）如图 10-10 所示，查看刚放上去的复合控件的事件，可以找到"login"事件和"exit"事件。

图 10-10　复合控件的事件

（7）双击"login"事件，将生成 login 事件框架，编写如下代码。

```
private void loginControl1_login(object sender, EventArgs e)
{
    if (loginControl1.IsManager)
        CPublic.CheckUsers(loginControl1.TxtID, loginControl1.TxtPwd);
    else
        CPublic.CheckStudent(loginControl1.TxtID, loginControl1.TxtPwd);
    if (CPublic.LoginInfo == null)
        MessageBox.Show("密码错误！", "登录", MessageBoxButtons.OK,
MessageBoxIcon.Information);
    else
        Close();
}
```

（8）双击"exit"事件，将生成 exit 事件框架，编写如下代码。

```
private void loginControl1_exit(object sender, EventArgs e)
{
    Close();
}
```

（9）在"解决方案资源管理器"窗口中双击"Program.cs"选项，找到下面这行代码。

```
Application.Run(new frmLogin());
```

将该行代码替换为如下代码。

```
Application.Run(new frmLoginWithControl());
```

这是为了方便测试控件，测试完成后读者可以任选其中一行代码来运行系统。

（10）运行程序，可以看到当使用控件登录窗体时，其效果和原来的一样。

实　训

1．适当改写本项目的登录窗体复合控件，使其既适合选课系统，也适合实训项目（在控件中编写属性，可以控制"管理员"复选框是否显示）。

2．使用开发的登录窗体复合控件实现系统登录。

项目 11

<<<<<<

LINQ 技术

LINQ 技术

学习目标

掌握 LINQ TO Object 技术。

掌握 LINQ TO DataSet 技术。

培养持之以恒的精神。

查询是一种从数据源中检索数据的方式。随着时间的推移，人们已经为各种数据源开发了不同的语言，如用于关系数据库的 SQL 和用于 XML 的 XQuery。因此，开发人员不得不针对它们必须支持的每种数据源或数据格式而学习新的查询语言。LINQ 通过提供一种跨数据源和数据格式使用数据的一致模型，简化了这一情况。

在 LINQ 中，使用相同的基本编码模式可以查询 SQL 数据库、ADO.NET 数据集和.NET 集合中的数据，以及对 LINQ 提供程序可用的任何其他格式的数据。

任务 11.1 LINQ TO Object

11.1.1 LINQ TO Object 简介

LINQ TO Object 指直接对任意 IEnumerable 或 IEnumerable<（Of<（T）>）>集合使用 LINQ 技术，如 List<（of<（T）>）>、Array 或 Dictionary<（of<（TKey, TValue）>）>。该集合可以是用户定义的集合，也可以是.NET Framework API 返回的集合。

从根本上说，LINQ TO Object 表示一种新的处理集合的方法。若采用以往的方法，则用户必须编写描述如何从集合中检索数据的复杂 foreach 循环；若采用 LINQ 方法，则用户只需编写描述要检索的内容的声明性代码。

与传统的 foreach 循环相比，LINQ 方法具有三大优势：更简明、更易读，尤其是在筛选多个条件时；使用较少的应用程序代码提供强大的筛选、排序和分组功能；无须修改或只需进行很少的修改即可将它们移植到其他数据源中。

通常，对数据执行的操作越复杂，我们体会到的使用 LINQ TO Object 代替传统迭代技术的好处就越多。

11.1.2　使用 LINQ TO Object

本节在 List 控件中添加几条示例数据，并通过 LINQ 和两种传统方法来实现查询。注意：因为不是查询数据库中的数据，所以不能通过 SQL 语句来查询。

（1）在项目中添加新的 Windows 窗体，并命名为"frmLinqToObject.cs"。

（2）将窗体调整为合适大小，设置窗体的"Text"属性为"查询"。

（3）如图 11-1 所示，在窗体中添加一个 Label 控件、一个 TextBox 控件、两个 Button 控件和一个 ListBox 控件。将 Label 控件的"Text"属性设置为"请输入姓名："、TextBox 控件的"Name"属性设置为"txtStuName"；将第一个 Button 控件的"Text"属性设置为"使用 LINQ 查询"、"Name"属性设置为"btnLinq"；将第二个 Button 控件的"Text"属性设置为"使用 foreach 查询"、"Name"属性设置为"btnForeach"。

图 11-1　使用 LINQ To Object 的窗体

（4）在"解决方案资源管理器"窗口中右击"Xk"选项，在弹出的快捷菜单中选择"添加"→"类"命令。

（5）如图 11-2 所示，在"添加新项"对话框的"名称"文本框中输入"CStudent.cs"，单击"添加"按钮。

图 11-2　添加类

（6）在 CStudent 类中编写如下代码。

```
class CStudent
{
    public string StuNo { get; set; }
    public string StuName { get; set; }
    public string Sex { get; set; }
}
```

（7）在 frmLinqToObject 类中编写 CreateStudents 方法代码如下。

```
private IEnumerable<CStudent> CreateStudents()
{
    return new List<CStudent>
    {
        new CStudent{StuNo="00000001",StuName="林斌",Sex="男"},
        new CStudent{StuNo="00000002",StuName="彭少帆",Sex="男"},
        new CStudent{StuNo="00000003",StuName="曾敏馨",Sex="女"},
        new CStudent{StuNo="00000004",StuName="张晶晶",Sex="女"},
        new CStudent{StuNo="00000005",StuName="曹业成",Sex="男"}
    };
}
```

（8）切换到窗体的设计界面，双击名为 btnLinq 的按钮，产生该按钮的 Click 事件框架，并编写 Click 事件代码如下。

```
private void btnOK_Click(object sender, EventArgs e)
{
    listBox1.Items.Clear();
    var results = from c in CreateStudents()
                    where c.StuName.Contains(txtStuName.Text)
                    select c;
    foreach (var s in results)
    {
        listBox1.Items.Add("姓名：" + s.StuName + "  性别：" + s.Sex);
    }
}
```

（9）切换到窗体的设计界面，双击名为 btnForeach 的按钮，产生该按钮的 Click 事件框架，并编写 Click 事件代码如下。

```
private void btnForeach_Click(object sender, EventArgs e)
{
    listBox1.Items.Clear();

    foreach(CStudent s in CreateStudents())
    {
        if (s.StuName.Contains(txtStuName.Text))
        {
            listBox1.Items.Add("姓名：" + s.StuName + "  性别：" + s.Sex);
        }
    }
```

}

请读者对比以上两步操作中分别使用 LINQ 和传统方法进行查询的差异。由于该示例比较简单，因此对比效果不明显。当查询非常复杂时，就能极大地体现 LINQ 的优势。

（10）在"解决方案资源管理器"窗口中双击"frmMain.cs"选项，打开该窗体的设计界面。如图 11-3 所示，在 frmMain 窗体的"LINQ 示例"菜单下添加选项"LINO TO Object 示例"命令。

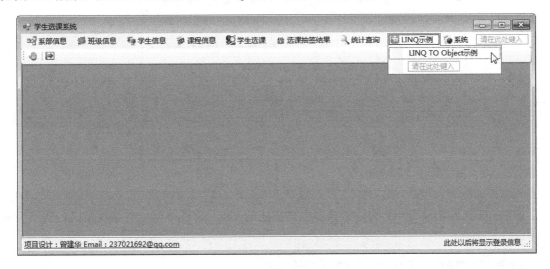

图 11-3　添加"LINO TO Object 示例"命令

（11）添加调用该命令的代码。双击"LINQ TO Object 示例"命令，为其编写 Click 事件，代码如下。

```
private void LINQTOObject 示例 ToolStripMenuItem_Click(object sender, EventArgs e)
{
    frmLinqToObject f = new frmLinqToObject();
    f.MdiParent = this;
    f.Show();
}
```

（12）运行程序，在主窗体中选择"LINQ 示例"→"LINQ TO Object 示例"命令，运行效果如图 11-4 所示。

图 11-4　使用 LINQ TO Object 的运行效果

单击"使用 LINQ 查询"按钮和单击"使用 foreach 查询"按钮的运行效果是一样的，但实现方式不一样。请读者自行体会在复杂情形下使用 LINQ 技术进行查询的好处。

下面继续编写代码，对比使用 LINQ 和传统排序算法进行排序的差异。

（13）切换到窗体的设计界面。如图 11-5 所示，添加两个 Button 控件，将一个 Button 控件的"Text"属性设置为"使用 LINQ 排序"、"Name"属性设置为"btnSort1"，将另一个 Button 控件的"Text"属性设置为"使用传统排序算法"、"Name"属性设置为"btnSort2"。

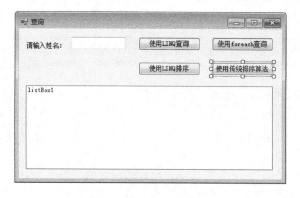

图 11-5　添加两个 Button 控件

（14）双击名为 btnSort1 的按钮，产生该按钮的 Click 事件框架，并编写 Click 事件代码如下。

```
private void btnSort1_Click(object sender, EventArgs e)
{
    int[] ints = { 1, 4, 2, 5, 3, 6 };
    var values = from i in ints
                    orderby i
                    select i;
    listBox1.Items.Clear();
    foreach (var v in values)
    {
        listBox1.Items.Add(v);
    }
}
```

（15）在 frmLinqToObject 类中编写 BubbleSort 方法代码如下。

```
// 冒泡排序
public static void BubbleSort(ref int[] r)
{
    int i, j, temp;                        // 交换标志
    bool exchange;
    for (i = 0; i < r.Length; i++)         // 最多进行 r.length-1 次排序
    {
        exchange = false;                  // 本次排序开始前，交换标志应为假
        for (j = r.Length - 2; j >= i; j--)
        {
            if (r[j + 1] < r[j])           // 交换条件
            {
                temp = r[j + 1];
```

```
                    r[j + 1] = r[j];
                    r[j] = temp;
                    exchange = true;              // 发生了交换，因此将交换标志置为真
                }
            }
            if (!exchange)                        // 本次排序未发生交换，提前终止算法
            {
                break;
            }
        }
    }
```

（16）切换到窗体的设计界面，双击名为 btnSort2 的按钮，产生该按钮的 Click 事件框架，并编写 Click 事件代码如下。

```
private void btnSort2_Click(object sender, EventArgs e)
{
    int[] r = new int[] { 1, 4, 2, 5, 3, 6 };
    BubbleSort(ref r);
    listBox1.Items.Clear();
    for (int i = 0; i < r.Length; i++)
    {
        listBox1.Items.Add(r[i]);
    }
}
```

请读者对比以上几步操作中分别使用 LINQ 和传统排序算法进行排序的差异，是不是使用 LINQ 排序更简捷呢？

（17）运行程序，在主窗体中选择"LINQ 示例"→"LINQ TO Object 示例"命令，运行效果如图 11-6 所示。

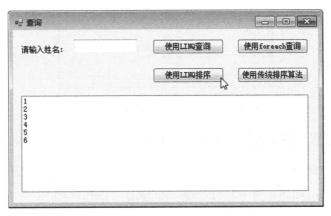

图 11-6　使用 LINQ 排序的运行效果

单击"使用 LINQ 排序"按钮和单击"使用传统排序算法"按钮的运行效果是一样的，但实现方式不一样。请读者再次体会使用 LINQ 排序的好处。

任务 11.2 LINQ TO DataSet

11.2.1 LINQ TO DataSet 简介

使用 LINQ to DataSet 可以更轻松、快速地查询在 DataSet 对象中缓存的数据。另外，LINQ to DataSet 使开发人员能够使用编程语言本身而不是单独的查询语言来编写查询，从而简化了查询。

LINQ to DataSet 也可以用于查询从一个或多个数据源合并的数据，可以使许多需要灵活表示和处理数据的方案轻松实现。

11.2.2 使用 LINQ TO DataSet

（1）在项目中添加新的 Windows 窗体，并命名为"frmLinqToDataSet.cs"。

（2）将窗体调整为合适大小，设置窗体的"Text"属性为"信息查询"。

（3）如图 11-7 所示，在窗体中添加一个 Label 控件、一个 TextBox 控件、一个 Button 控件和一个 ListBox 控件。将 Label 控件的"Text"属性设置为"请输入姓名："，TextBox 控件的"Name"属性设置为"txtStuName"，Button 控件的"Text"属性设置为"查询"、"Name"属性设置为"btnOK"。

图 11-7　使用 LINQ TO DataSet 的窗体

（4）切换到该窗体的代码视图，添加如下代码。

```
using System.Data.SqlClient;
```

（5）在 frmLinqToDataSet 类中编写 CreateStudents 方法代码如下。

```
private dsXk.StudentDataTable CreateStudents()
{
    SqlConnection cn = new SqlConnection(Properties.Settings.Default. XkConnectionString);

    string sql = " SELECT * FROM Student";
    SqlDataAdapter da = new SqlDataAdapter(sql, cn);
```

```
      dsXk.StudentDataTable t= new dsXk.StudentDataTable();
      da.Fill(t);
      return t;
}
```

（6）在 frmLinqToDataSet 类中编写 getStudents 方法代码如下。

```
private void getStudents()
{
      listBox1.Items.Clear();
      var results = from c in CreateStudents()
                          where c.StuName.Contains(txtStuName.Text)
                          select c;
      foreach (var r in results)
      {
          listBox1.Items.Add("姓名：" + r.StuName + "  性别：" + r.Sex);
      }
}
```

（7）切换到窗体的设计界面，双击名为 btnOK 的按钮，产生该按钮的 Click 事件框架，并编写 Click 事件代码如下。

```
private void btnOK_Click(object sender, EventArgs e)
{
      getStudents();
}
```

（8）在"解决方案资源管理器"窗口中双击"frmMain.cs"选项，打开该窗体的设计界面。如图 11-8 所示，在 frmMain 窗体的"LINQ 示例"菜单下添加"LINQ TO DataSet 示例"命令。

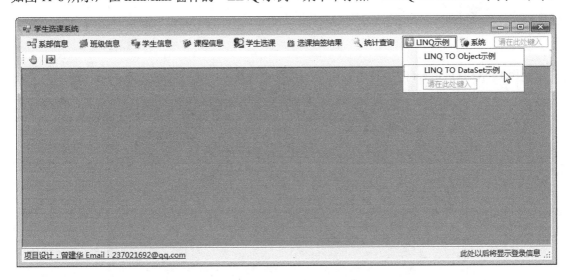

图 11-8　添加"LINQ TO DataSet 示例"命令

（9）添加调用该命令的代码。双击"LINQ TO DataSet 示例"命令，为其编写 Click 事件，代码如下。

```
private void LINQTODataSet 示例 ToolStripMenuItem_Click(object sender, EventArgs e)
{
    frmLinqToDataSet f = new frmLinqToDataSet();
    f.MdiParent = this;
    f.Show();
}
```

（10）在主窗体中选择"LINQ 示例"→"LINQ TO DataSet 示例"命令，运行效果如图 11-9 所示。

图 11-9　使用 LINQ TO DataSet 的运行效果

编者体会：与其他方法相比，使用 LINQ TO DataSet 可以更快、更容易地查询 DataSet 对象中缓存的数据。

实　　训

使用 LINQ TO Object 对字符串数组中的数据进行排序，运行效果如图 11-S-1 所示。

图 11-S-1　使用 LINQ TO Object 的运行效果

项目 12

使用 ClickOnce 部署项目

使用 ClickOnce 部署项目

学习目标

学会使用 ClickOnce 部署智能客户端。

培养锐意进取的创新精神。

ClickOnce 是一项部署技术，我们可以利用这项技术创建基于 Windows 的自行更新的应用程序。同时，安装和运行这类应用程序所需的用户交互量最少。

我们可以采用 3 种不同的方式发布 ClickOnce 应用程序：通过网页发布、通过网络文件共享发布或者通过媒体（如 CD-ROM）发布。ClickOnce 应用程序既可以安装在最终用户的计算机上并在本地运行（即使该计算机处于脱机状态），也可以在仅限联机模式下运行，而不必在最终用户的计算机上永久性地安装任何内容。

ClickOnce 应用程序可以自行更新，这些应用程序可以在较新版本可用时检查是否存在更新版本，并自动替换所有更新后的文件。

ClickOnce 解决了部署中的 3 个主要问题。

（1）更新应用程序困难。如果使用 Microsoft Windows Installer 部署，则在每次更新应用程序时，用户都可以安装更新（msp 文件）并将其应用到已安装的产品中；如果使用 ClickOnce 部署，则可以自动提供更新。只有更改过的应用程序部分才会被下载，并从新的并行文件夹中重新安装完整的、更新后的应用程序。

（2）对用户计算机的影响。当使用 Windows Installer 部署时，应用程序通常依赖于共享组件，可能会发生版本冲突；当使用 ClickOnce 部署时，每个应用程序都是独立的，不会干扰其他应用程序。

（3）安全权限。当使用 Windows Installer 部署时，要求用户具有管理员权限并且只允许受限制的用户安装；当使用 ClickOnce 部署时，允许非管理员用户安装应用程序，并且仅授予应用程序所需要的那些代码访问安全性权限。

上述问题有时会导致开发人员决定创建 Web 应用程序而不是基于 Windows 的应用程序，从而牺牲丰富的用户界面来换取安装的便利性。通过使用 ClickOnce 部署的应用程序，我们可以集这两种技术的优势于一身。

任务 12.1　发布前的准备

本项目将演示如何将项目部署到 Web 服务器上，因此应该先准备好相应的 IIS 配置。

12.1.1　配置 IIS

（1）如图 12-1 所示，打开"控制面板"窗口，单击"程序"链接。

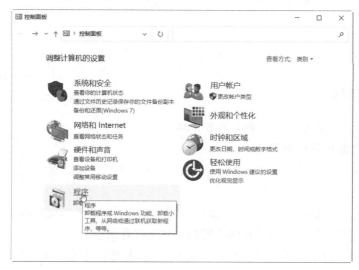

图 12-1　单击"程序"链接

（2）如图 12-2 所示，单击"启用或关闭 Windows 功能"链接。

图 12-2　单击"启用或关闭 Windows 功能"链接

（3）如图12-3所示，勾选"Internet Information Services"复选框。

图12-3　勾选"Internet Information Services"复选框

（4）如图12-4所示，系统正在安装"Internet Information Services"。

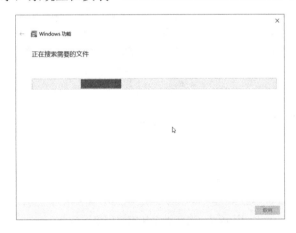

图12-4　正在安装"Internet Information Services"

（5）如图12-5所示，单击"关闭"按钮，完成安装。

图12-5　完成安装

（6）如图 12-6 所示，在桌面上右击"此电脑"图标，在弹出
的快捷菜单中选择"管理"命令。

（7）如图 12-7 所示，在"计算机管理"窗口中展开"服务和
应用程序"选项，选择"Internet Information Services（IIS）管理
器"选项，在"连接"窗口中右击"Default Web Site"选项，在弹
出的快捷菜单中选择"添加应用程序"命令。

图 12-6　选择"管理"命令

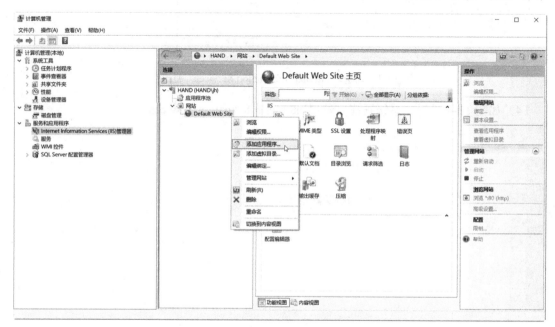

图 12-7　选择"添加应用程序"命令

（8）如图 12-8 所示，在"添加应用程序"对话框的"别名"文本框中输入"Xk"，读者
可以根据需要自行选择"物理路径"，编者在这里输入"D:\Xk"（请事先准备好该物理路径），
单击"确定"按钮。

图 12-8　设置"别名"和"物理路径"

（9）如图 12-9 所示，此时可以看到在"Default Web Site"选项下增加了"Xk"选项，双击"目录浏览"图标。

图 12-9 双击"目录浏览"图标

（10）如图 12-10 所示，单击"启用"链接，启用目录浏览。

图 12-10 启用目录浏览

12.1.2 更改项目图标

项目编译完成后，输出的文件默认保存在项目文件夹的 bin\Debug 目录下。项目的默认图标如图 12-11 所示，但在发布时通常会被设置为类似公司 Logo 的图标。

图 12-11　项目的默认图标

（1）在"解决方案资源管理器"窗口中右击"**Xk**"选项，在弹出的快捷菜单中选择"属性"命令。

（2）如图 12-12 所示，在界面左侧选择"应用程序"选项，单击图中鼠标指针所在位置的"浏览"按钮，设置默认图标。

图 12-12　设置默认图标

（3）选择自己喜欢的图标。编者这里选择的是"资源文件夹"→"Title.ico"图标。

（4）重新编译运行程序，然后查看设置完成后的项目图标，如图 12-13 所示，在项目所在文件夹的 bin\Debug 目录下，可以看到"**Xk**"可执行文件的图标变成了刚刚设置的"Title.ico"图标。

图 12-13　设置完成后的项目图标

任务 12.2　发布

12.2.1　发布项目

（1）在"解决方案资源管理器"窗口中右击"Xk"选项，在弹出的快捷菜单中选择"属性"命令。

（2）如图12-14所示，在界面左侧选择"发布"选项，在"发布文件夹位置"文本框中输入"D:\Xk\"，单击"立即发布"按钮。

图12-14　设置发布位置

读者需要注意"发布版本"选区，默认勾选"随每次发布自动递增修订号"复选框。

如果应用程序被重新发布，则版本号将发生变化，客户端也会自动升级到最新版本（和发布设置有关，也可能会同时运行新、旧版本）。

12.2.2　测试发布项目

（1）启动浏览器，在地址栏中输入"http://localhost/Xk/"，进入发布页面。如图12-15所示，单击"Xk.application"链接，启动应用程序。

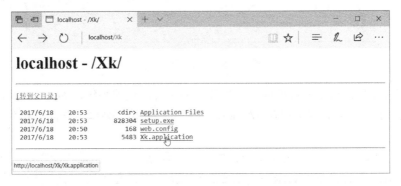

图12-15　启动应用程序

（2）如图 12-16 所示，弹出提示对话框，提示是否打开此文件，单击"打开"按钮。

图 12-16　打开应用程序

（3）弹出如图 12-17 所示的对话框。

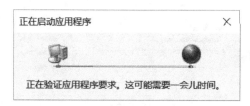

图 12-17　"正在启动应用程序"对话框

（4）如图 12-18 所示，单击"安装"按钮，安装应用程序。

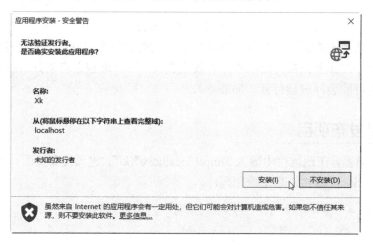

图 12-18　安装应用程序

（5）安装完成后，运行安装好的应用程序，即可进入选课系统，如图 12-19 所示。

（6）如图 12-20 所示，也可以从 Windows 系统的"开始"菜单中选择"Xk"命令，进入选课系统。

（7）如图 12-21 所示，找到发布项目所在的物理路径，这里是"D:\Xk"。可以看到，在"Application Files"文件夹下的目录中，每发布一次新版本就会增加一个文件夹，用户可以将旧版本的文件夹删除。

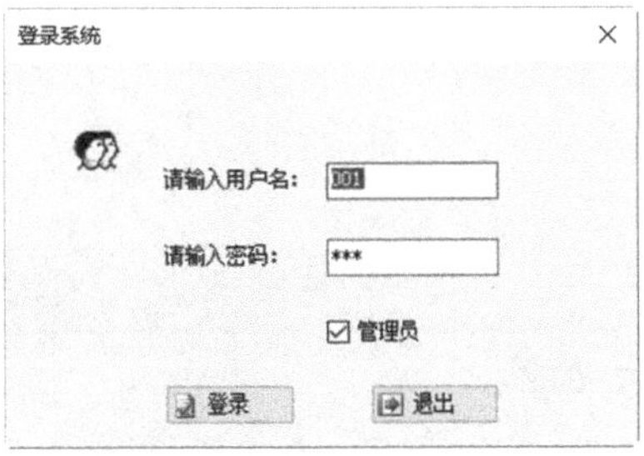

图 12-19 进入选课系统

图 12-20 从 Windows 系统的"开始"菜单中进入
选课系统

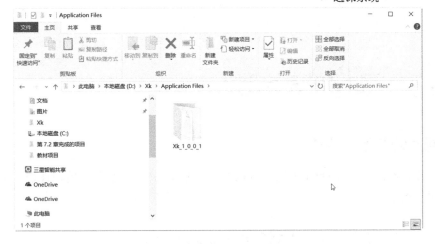

图 12-21 发布项目所在的物理路径

实 训

1. 更改购物系统的项目图标。
2. 使用 ClickOnce 部署购物系统。

拓展项目

网上购物系统

学习目标

了解使用 Visual Studio 开发 Web 项目的强大功能。
了解网上购物系统的各项功能。
了解网上购物系统配套的数据库 eShop。
培养锐意进取的创新精神。

任务 T.1　网上购物系统介绍

T.1.1　网上购物系统的功能

网上购物系统的功能包括浏览商品、挑选商品到购物车、下订单、用户注册、登录网站等较常用且实用的功能。

T.1.2　为什么通过网上购物系统学习 SQL Server

网上购物系统具有很好的代表性。

大家应该都有过网上购物或浏览购物网站的体验，这种体验将有助于我们更轻松地理解系统的开发和该系统所使用的数据库。

无论什么项目，它们的主要功能都是类似的，如数据库设计、数据的维护（录入、修改、删除）和统计查询等。编者也将围绕这几部分来展开讲解。

任务 T.2　运行网上购物系统

T.2.1　准备网上购物系统所需数据库

（1）以管理员身份启动 SQL Server Management Studio（简称 SSMS）。

（2）如图 T-1 所示，在"对象资源管理器"窗口中右击"数据库"选项，在弹出的快捷菜单中选择"附加"命令。

图 T-1　选择"附加"命令

（3）弹出"附加数据库"对话框，如图 T-2 所示。单击"添加"按钮，选择数据库文件的位置。

图 T-2　"附加数据库"对话框

（4）如图 T-3 所示，定位 eShop 数据库文件（在"附录项目"→"eShop.mdf"文件夹下），单击"确定"按钮。

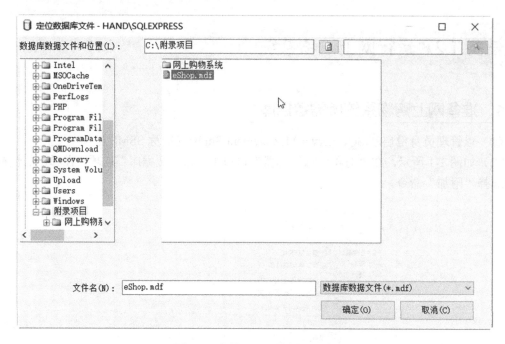

图 T-3　定位 eShop 数据库文件

（5）如图 T-4 所示，再次单击"确定"按钮，完成附加数据库操作。

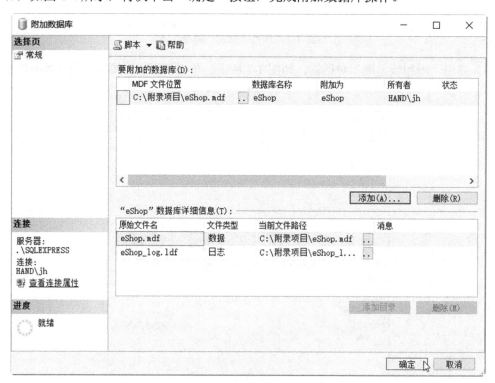

图 T-4　完成附加数据库操作

（6）如图 T-5 所示，成功附加数据库后，可以在"对象资源管理器"窗口中看到"eShop"数据库。

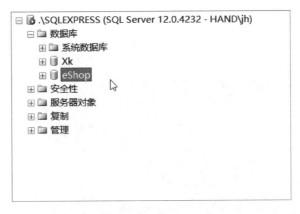

图 T-5　成功附加数据库

（7）如图 T-6 所示，如果在成功附加数据库后没有看到"eShop"数据库，则在"对象资源管理器"窗口中右击"数据库"选项，在弹出的快捷菜单中选择"刷新"命令。

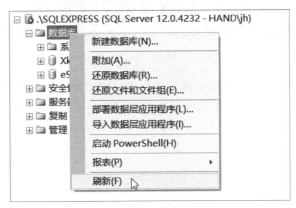

图 T-6　选择"刷新"命令

（8）在附加数据库时，如果出现如图 T-7 所示的错误信息，则需要检查一下是否是以管理员身份启动 SSMS 的，并在确定后重新开始附加操作。

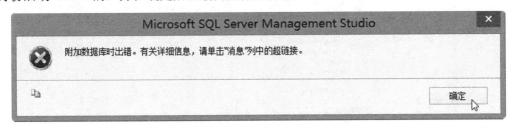

图 T-7　附加数据库出错的错误信息

（9）数据库环境准备完毕。

T.2.2　运行网上购物系统的步骤

（1）启动 Visual Studio。

（2）如图 T-8 所示，在 Visual Studio 主菜单中选择"文件"→"打开"→"网站"命令。

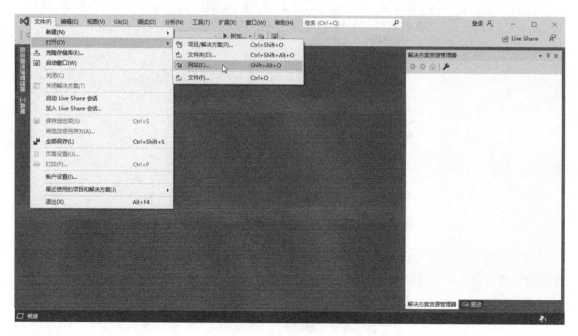

图 T-8　选择"网站"命令

（3）如图 T-9 所示，定位到 eShop 网站文件夹，这里是"C:\附录项目\网上购物系统"文件夹（注意，应定位到文件夹，而不是该文件夹下面的文件），单击"打开"按钮。

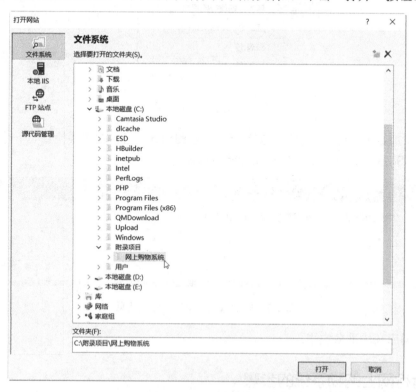

图 T-9　定位到 eShop 网站文件夹

（4）如图 T-10 所示，在"解决方案资源管理器"窗口（如果找不到，则可以在 Visual Studio

主菜单中选择"视图"→"解决方案资源管理器"命令）中右击"Products.aspx"选项，在弹出的快捷菜单中选择"设为起始页"命令。

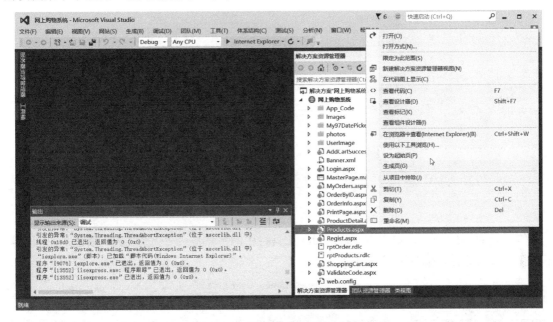

图 T-10　选择"设为起始页"命令

（5）如图 T-11 所示，在"解决方案资源管理器"窗口中双击"web.config"选项，注意图中左侧矩形框中的内容"Data Source=.\SQLEXPRESS"。

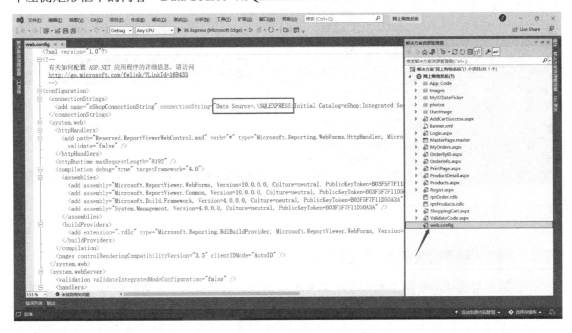

图 T-11　双击"web.config"选项

（6）还记得启动 SSMS 时的界面吗？如图 T-12 所示，"服务器名称"文本框中的".\SQLEXPRESS"就是和图 T-11 中左侧矩形框中的".\SQLEXPRESS"相对应的。

如果你使用的开发环境不一样，如你的服务器名称是"."，则应该将 web.config 文件中的那条语句修改为"Data Source=."。

图 T-12　启动 SSMS 时的界面

（7）如图 T-13 所示，单击 Visual Studio 工具栏中的 ▶ IIS Express (Microsoft Edge) ▾ 按钮，在浏览器下运行项目（选择其他浏览器也可以）。

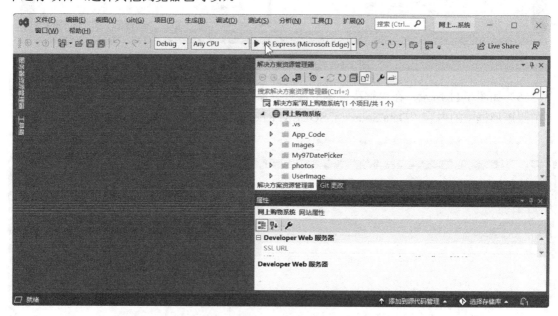

图 T-13　运行项目

T.2.3　网上购物系统的具体功能介绍

下面通过界面来介绍网上购物系统都有哪些功能，这将有助于读者理解项目和学习本节内容。

（1）商城首页如图 T-14 所示，显示了网站销售的商品。你看到的示例数据可能和图中并不完全一致，但这不会影响我们的学习。

网站销售的商品种类是非常多的，不过从编程的角度而言，技术都是类似的，因此本书仅以手机商品为例进行讲解。一定程度的简化其实更有助于读者学习，这也是编者精心设计的。

图 T-14 商城首页

（2）选择某品牌后，可以筛选出该品牌的商品。比如，单击"华为"链接后，显示的都是华为品牌的商品，如图 T-15 所示。

图 T-15 华为品牌的商品

（3）如图 T-16 所示，在页面的左上方有一个小广告条，示例项目设置的小广告条是新华网的网站链接，也可以是当当网的网站链接等。

图 T-16 小广告条

（4）单击小广告条，将链接到合作网站，如图 T-17 所示。

图 T-17　链接到合作网站

（5）在商城首页，注意鼠标指针的位置，可多次单击"刷新"按钮，如图 T-18 所示。

图 T-18　小广告条出现概率测试

注意小广告条处的变化，可以观察到小广告条可能链接到新华网，也可能链接到当当网，但链接到新华网的小广告条出现的概率较高。

（6）如图 T-19 所示，注意观察页面左右两侧的浮动广告，当拖动浏览器的垂直滚动条时，浮动广告会跟随移动并始终保持在用户的视野范围内。

图 T-19　浮动广告

（7）单击某浮动广告，如单击"HUAWEI"浮动广告，将链接到华为网站，如图 T-20 所示。

图 T-20　链接到华为网站

（8）单击浮动广告右上方的"关闭"按钮，将关闭浮动广告。关闭浮动广告后的页面如图 T-21 所示。

图 T-21　关闭浮动广告后的页面

（9）在商城首页单击左上方的"打印商品清单 1"链接，出现如图 T-22 所示的打印预览页面，页面上方的工具条提供了翻页及缩放等功能。

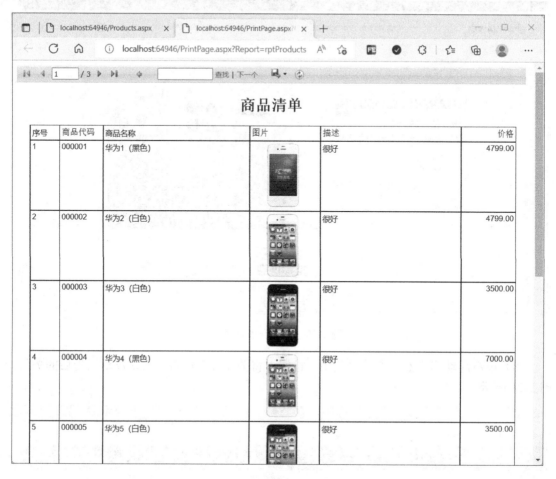

图 T-22　打印预览页面

（10）当用户需要输出文件时，可以单击页面上方工具条中的 按钮，会出现如图 T-23 所示的下拉列表，可以选择输出类型。

图 T-23　选择输出类型

（11）查看商品详情。在商城首页单击某商品链接，可以查看商品详情，如图 T-24 所示。

图 T-24　查看商品详情

（12）如图 T-25 所示，链接到该商品的详细信息页面。如果用户喜欢该商品，则可以单击"加入购物车"按钮。

图 T-25　该商品的详细信息页面

（13）如图 T-26 所示，将商品成功加入购物车后，可以单击"继续购物"按钮，回到商城首页继续挑选商品，也可以单击"去购物车并结算"按钮进入相应页面。

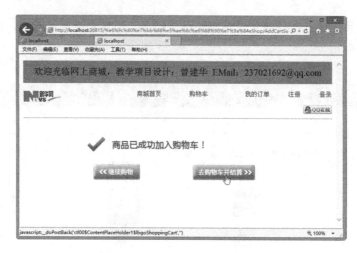

图 T-26　商品已成功加入购物车

请读者参照如下操作步骤执行。

① 单击"继续购物"按钮，再挑选一件商品并将其加入购物车。

② 单击"去购物车并结算"按钮。

（14）如图 T-27 所示，进入购物车页面。

图 T-27　购物车页面

（15）如图 T-28 所示，可以修改商品的数量，如在第 2 行的"数量"文本框中输入"2"，相应的"金额"及"合计金额"都会立即更新。

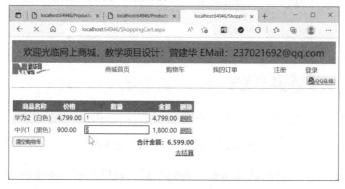

图 T-28　更改商品数量

（16）如图 T-29 所示，单击"删除"链接可以删除购物车中的商品。

图 T-29 删除购物车中的商品

（17）如图 T-30 所示，单击"确定"按钮确认删除购物车中的商品。删除商品后，相应的"合计金额"会立即更新。

图 T-30 单击"确定"按钮

也可以单击"清空购物车"按钮清除购物车中的所有商品，这里就不进行测试了。

（18）确认购物车中的商品后，如图 T-31 所示，单击"去结算"链接。

图 T-31 单击"去结算"链接

（19）系统将检测用户是否已登录系统。如果用户未登录，将出现如图 T-32 所示的登录页面。

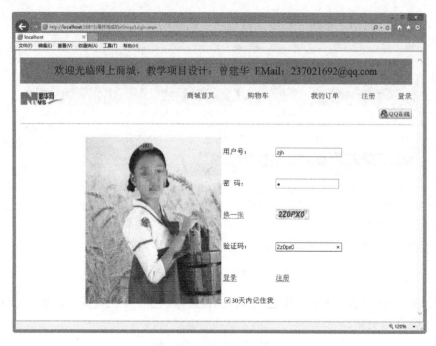

图 T-32　登录页面

（20）如果用户已注册账号，则输入正确的用户名、密码和验证码。

可以输入系统预置账号。

- 用户名：zjh。
- 密码：1。

如果用户未注册账号，则可以单击"注册"按钮，将出现如图 T-33 所示的注册页面。

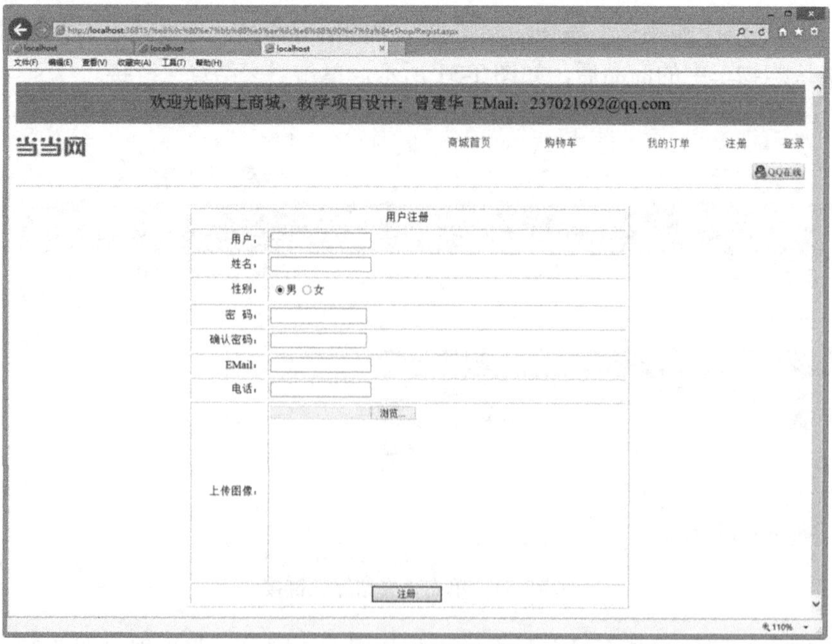

图 T-33　注册页面

编者在这里无须注册，输入正确的用户名、密码和验证码后，单击"登录"按钮即可。

（21）如图 T-34 所示，登录系统后，注意左侧广告条下方，系统会显示"您好，曾建华，欢迎光临本网站！"，之前未登录系统时没有此欢迎信息。

登录后，系统将自动引导到登录前的页面。这里是单击"去结算"链接后的页面。

如果登录用户之前有过购物经历，则联系电话、送货地址和收货人信息默认为用户最近一次购物时填写的信息。

如果用户是第一次购物，则联系电话、送货地址和收货人信息为空。

用户可以在此基础上输入新的联系电话、送货地址和收货人信息，或者保持原有信息不变，并单击"提交订单"链接。

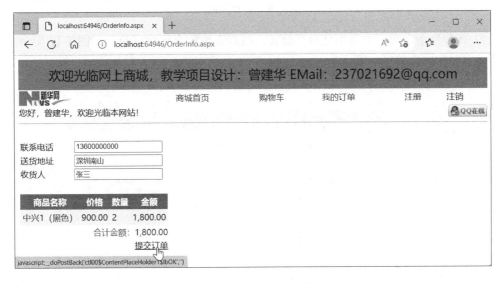

图 T-34 确认提交订单

（22）出现如图 T-35 所示的订单页面。

图 T-35 订单页面

（23）在订单页面，如果单击"打印订单"链接，将出现如图 T-36 所示的打印页面。

图 T-36　打印页面

（24）在导航条上单击"我的订单"链接，可以查询所有历史订单，如图 T-37 所示。该页面包含指定时间段内的每一笔订单。

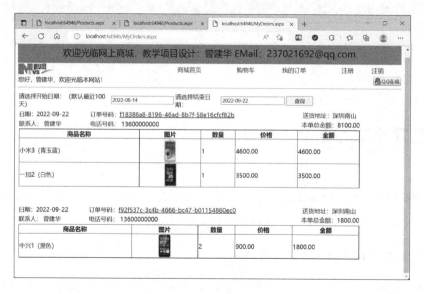

图 T-37　查询所有历史订单

（25）单击某一"订单号码"后面的链接后，可以查看该订单的详情，如图 T-38 所示。

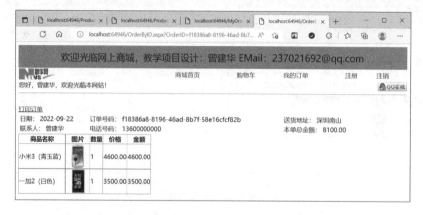

图 T-38　查看选定订单的详情

我们浏览了项目的每一个功能，相信读者对本项目有了一定的了解。现在我们来逐个实现该项目的功能。

【提示】若读者希望学习网上购物系统的详细开发流程，可参阅《Visual Studio 2010（C#）Web 数据库项目开发》（电子工业出版社，曾建华）。

任务 T.3　网上购物系统使用的数据库 eShop

T.3.1　初步认识网上购物系统使用的数据库 eShop

（1）启动 SSMS。如图 T-39 所示，在"对象资源管理器"窗口中展开"数据库"→"eShop"→"表"选项。

图 T-39　eShop 数据库中的表

本书项目使用的 eShop 数据库中包含 5 个表，分别是 Users 表（用户表）、Suppliers 表（供应商表）、Products 表（商品表）、Orders 表（订单主表）、OrderItems 表（订单明细表）。

（2）如图 T-40 所示，右击"dbo.Users"选项，在弹出的快捷菜单中选择"编辑所有行"（也可能显示为"编辑前××行"）命令，可查看 Users 表中的数据。

（3）Users 表包含 7 列，分别是 UserID（用户 ID）、UserName（用户名称）、Sex（性别）、Pwd（密码）、E-Mail（邮件地址）、Tel（电话）、UserImage（用户图像文件）。该表中的数据如图 T-41 所示。

图 T-40 选择"编辑所有行"命令

	UserID	UserName	Sex	Pwd	E-Mail	Tel	UserImage
▶	test	测试用户	女	123	test@qq.com	13300000000	NULL
	zjh	管建华	男	1	237021692@qq.com	13600000000	NULL
*	NULL	NULL	NULL	NULL	NULL	NULL	NULL

图 T-41 Users 表中的数据

（4）类似地，Suppliers 表包含 2 列，分别是 SupplierID（供应商 ID）、SupplierName（供应商名称）。该表中的数据如图 T-42 所示。

	SupplierID	SupplierName
▶	01	华为
	02	中兴
	03	小米
	04	荣耀
	05	一加

图 T-42 Suppliers 表中的数据

（5）Products 表包含 8 列，分别是 ProductID（商品 ID）、SupplierID（商品的供应商 ID）、ProductName（商品名称）、Color（颜色）、ProductImage（商品对应的图片文件，含相对路径）、Price（价格）、Description（商品描述）、Onhand（库存数量）。该表中的数据如图 T-43 所示。

ProductID	SupplierID	ProductN...	Color	ProductI...	Price	Description	Onhand
000001	01	华为1	黑色	photos/华...	4799.00	很好	100
000002	01	华为2	白色	photos/华...	4799.00	很好	200
000003	01	华为3	白色	photos/华...	3500.00	很好	300
000004	01	华为4	黑色	photos/华...	7000.00	很好	100
000005	01	华为5	白色	photos/华...	3500.00	很好	100
000006	02	中兴1	黑色	photos/中...	900.00	很好	140
000007	02	中兴2	钛灰色	photos/中...	1300.00	不错	200
000008	02	中兴3	红色	photos/中...	1200.00	不错	300
000009	02	中兴4	云石白	photos/中...	4000.00	不错	300
000010	02	中兴5	白色	photos/中...	5000.00	不错	300
000011	03	小米1	钛灰色	photos/小...	12000.00	不错	100
000012	03	小米2	云石白	photos/小...	5000.00	good	100
000013	03	小米3	青玉蓝	photos/小...	4600.00	good	100
000014	03	小米4	红色	photos/小...	4300.00	good	100
000015	03	小米5	黑色	photos/小...	3700.00	good	100
000016	04	荣耀1	黑色	photos/荣...	2800.00	good	100
000017	04	荣耀2	云石白	photos/荣...	1300.00	nice	100
000018	04	荣耀3	黑色	photos/荣...	2300.00	nice	100
000019	04	荣耀4	白色	photos/荣...	2000.00	nice	100
000020	04	荣耀5	钛灰色	photos/荣...	1800.00	nice	100
000021	05	一加1	白色	photos/一...	4300.00	nice	100
000022	05	一加2	白色	photos/一...	3500.00	very good	100
000023	05	一加3	红色	photos/一...	2600.00	very good	100
000024	05	一加4	白色	photos/一...	1800.00	very good	100
000025	05	一加5	黑色	photos/一...	1300.00	very good	100

图 T-43　Products 表中的数据

（6）Orders 表包含 6 列，分别是 OrderID（订单号）、UserID（订单用户 ID）、Consignee（订单联系人）、Tel（订单联系电话）、Address（送货地址）、OrderDate（订单提交时间）。该表中的数据如图 T-44 所示。

OrderID	UserID	Consignee	Tel	Address	OrderDate
c-b3fdac919dc4	zjh	曾建华	13600000000	深圳南山	2012-12-02 14:54:24.000
b3a15937-48b1-40e4-bd35-bae765d24750	zjh	曾建华	13600000000	深圳南山	2013-03-31 11:17:11.240
cc5961bb-83b1-407d-a521-d316045a217c	zjh	曾建华	13600000000	深圳南山	2013-03-21 09:43:31.980
d025d90b-6560-4f39-ae88-87f1b13cb061	zjh	曾建华	13600000000	深圳南山	2013-03-25 21:33:40.763
NULL	NULL	NULL	NULL	NULL	NULL

图 T-44　Orders 表中的数据

（7）OrderItems 表包含 5 列，分别是 OrderItemID（订单明细 ID）、OrderID（订单明细表对应订单主表的订单号）、ProductID（订单的商品 ID）、Amount（数量）、Price（价格）。该表中的数据如图 T-45 所示。

OrderItemID	OrderID	ProductID	Amount	Price
0E5F8646-24E9-421C-8CA5-D05636F23969	cc5961bb-83b1-407d-a521-d316045a217c	000001	1	4799.00
10A61504-2E91-4449-ACB2-15ACF8498918	b3a15937-48b1-40e4-bd35-bae765d24750	000012	1	5000.00
6D8662AB-02EC-499C-9A1A-AF1611A6E485	87aaa3af-3161-4953-90dc-b3fdac919dc4	000008	1	3200.00
AF52CA55-B60D-4AEF-9284-C04257B78386	d025d90b-6560-4f39-ae88-87f1b13cb061	000017	1	1300.00
D15FCEDF-8B66-4EE5-987C-B43FC0B6F3DB	87aaa3af-3161-4953-90dc-b3fdac919dc4	000010	1	2000.00
D63D54F7-162D-4E69-A4D3-11CBD3780FEC	b3a15937-48b1-40e4-bd35-bae765d24750	000006	2	3700.00
NULL	NULL	NULL	NULL	NULL

图 T-45　OrderItems 表中的数据

T.3.2　数据库中表之间的关系

本节通过数据库关系图来初步认识数据库中表之间的关系。

（1）如图 T-46 所示，在"对象资源管理器"窗口中展开"数据库"→"eShop"→"数据库关系图"选项，双击"dbo.Diagram_0"选项。

图 T-46　双击"dbo.Diagram_0"选项

（2）操作时如果弹出如图 T-47 所示的提示对话框，则执行步骤（3）～步骤（5），否则直接跳到步骤（6）。

图 T-47　提示对话框

（3）如图 T-48 所示，在"对象资源管理器"窗口中展开"数据库"选项并右击"eShop"选项，在弹出的快捷菜单中选择"新建查询"命令。

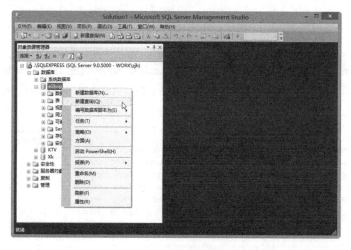

图 T-48　选择"新建查询"命令

（4）如图 T-49 所示，在查询窗口中输入命令如下。

ALTER AUTHORIZATION ON DATABASE::eShop TO sa

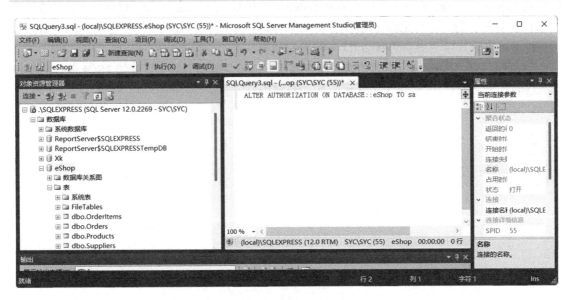

图 T-49　输入命令

单击工具栏中的 ▮ 执行(X) 按钮（或按快捷键"Ctrl+E"），执行该命令。

（5）再次按照步骤（1）操作。

（6）数据库中表之间的关系如图 T-50 所示。

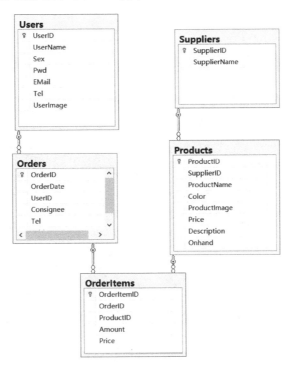

图 T-50　数据库中表之间的关系

从图 T-50 中可以看到：①Products 表和 Suppliers 表之间通过 SupplierID 进行连接，表示商品表的供应商 ID 来源于供应商表；②Orders 表和 Users 表之间通过 UserID 进行连接，表示订单主表的用户 ID 来源于用户表；③OrderItems 表和 Orders 表之间通过 OrderID 进行连接，表示订单明细表的订单号来源于订单主表；④OrderItems 表和 Products 表之间通过 ProductID 进行连接，表示订单明细表的商品 ID 来源于商品表。

【提示】若读者希望学习网上购物系统数据库 eShop 的详细设计，可参阅《SQL Server 2014 数据库设计开发及应用》（电子工业出版社，曾建华）。